U0183976

NEW INDUSTRIAL BUILDINGS 新工业建筑

工业建筑趋势与案例

本书编委会　主编

黄星元　顾问　　中欧建筑传媒中心　策划

同济大学出版社

图书在版编目（CIP）数据

新工业建筑：工业建筑趋势与案例/《新工业建筑：工业建筑趋势与案例》编委会主编． -- 上海：同济大学出版社, 2020.11
　　ISBN 978-7-5608-9541-3

　　Ⅰ.①新… Ⅱ.①新… Ⅲ.①工业建筑 - 建筑设计 - 案例 Ⅳ.① TU27

　　中国版本图书馆 CIP 数据核字 (2020) 第 194280 号

新工业建筑——工业建筑趋势与案例

本书编委会　主编

出 品 人　华春荣
责任编辑　由爱华
责任校对　徐春莲
装帧设计　吴雪颖
出版发行　同济大学出版社 www.tongjipress.com.cn
（地址：上海四平路 1239 号　邮编：200092　电话： 021- 65985622 ）
经 销　全国各地新华书店
印 刷　当纳利（上海）信息技术有限公司
开 本　787mm×1092mm　1/16
印 张　9.5
字 数　304000
版 次　2020 年 11 月第 1 版　2020 年 11 月第 1 次印刷
书 号　ISBN 978-7-5608-9541-3
定 价　218.00 元
本书若有印装问题，请向本社发行部调换 版权所有 侵权必究

编委会

顾　　问

黄星元

主任委员

陈云琪　阴　佳　刘宇扬　张小龙　颜　骅　罗永增　许书恒　黄　骏

委　　员（排名不分先后）

田唯佳　王　珂　胡沂佳　俞　泳　丸山纯　张　佳　徐瑾文　张俊彦

薄宏涛　孙　伟　朱培栋　蔡少晖　陈　烨　段晓星　沈　亮　孙　峰

夏晶庆　徐　欣　唐凌申　张菁菁　毛　治　应慧珺　宋　磊　谢灵宁

学术支持（排名不分先后）

同济大学建筑与城市规划学院　山东万事达建筑钢品股份有限公司　立邦卷
材涂料事业部　中船第九设计研究院工程有限公司　中建八局装饰工程有限
公司　中国海诚工程科技股份有限公司　华东建筑设计研究院有限公司华东
都市建筑设计研究总院　刘宇扬建筑事务所　海茵建筑 HENN
gad·line+ studio　杭州中联筑境建筑设计有限公司　中欧建筑传媒中心 SEAMC

序 言
PREFACE

2020 年注定是不平凡的一年，波及世界的新冠肺炎疫情迫使人们改变生活和工作的节奏，停下脚步与大自然相对而视，并且陷入深深的思考，原以为科学技术可以使人类实现任何想要做的事情，结果却显得苍白无力。在这场新冠肺炎疫情中，很多人或许会重新思考如何度过自己的人生，我们作为建筑师应不断反思在社会分工中如何遵守技术的伦理，如何具有国际视野，通过建筑创作完成人与自然的协调。

今年中欧建筑传媒中心（SEAMC）的负责人谈到他们在策划出版关于中国工业建筑的书，希望听听我的意见，不由得使我怦然心动，这是除了中国建筑学会工业建筑分会之外少有的议题，他们不辞劳顿于 8 月中旬来到北京，兴趣所致，大家专注地谈了许多互动的想法。

中国经历改革开放四十多年，工业建筑在设计理念、新技术应用、设计方法上有了巨大的进步，在节约能源、环境保护、资源保护等科学技术研发上取得了众多实施的成果。在新的工业革命时代，数字化转型、智能开放、融合创新等相关基础设施的建设已经等待在工业建筑设计的门口。

20 世纪初德国兴起现代主义建筑思潮，在其理论形成和努力实践的过程中，工业建筑扮演了重要的角色，并且一直延续到今天。

中欧建筑传媒中心致力于把中国的建筑文化和新工业建筑的成就、理论和实践系统地介绍到欧洲，同时将欧洲先进的工业建筑理念、方法和实际案例引入中国。其策划的《新工业建筑——工业建筑的趋势与案例》一书作为中欧工业建筑交流的开篇，引发了新工业建筑设计走向的话题。从长远发展趋势来看，工业建筑美学的表达、建筑色彩的深入研究、工业建筑表皮和细部节点的推敲等等，对于工业建筑的繁荣创新、理论的活跃发展都有深刻的现实意义。

工业建筑的形式语言，主要来自其自身的生产特点，工艺生产线运转的特殊性，形式独特的空间几何形态。建筑是建造的艺术，建筑可以由细节开始设计，看似习以为常的建筑材料，从选材到细节设计，都是建筑师多年努力形成的个性化建筑语言。

当代工业建筑逐渐形成新的美学观念，工业建筑的功能性、合理性、特有的空间形体可以形成最有效的艺术整体。

期待着中国和欧洲国家之间的建筑文化交流与国际合作日益发展，犹如历史上工业建筑作为现代建筑的先行者一样，始终扮演重要角色，在建筑文化繁荣发展上，构建起中欧之间更深入的往来与可持续合作。

2020 年 9 月于北京

前 言
FOREWORD

中国自改革开放 40 多年来，发生了翻天覆地的变化，尤其在经济领域，持续的经济增长大大提高了我国居民的日常生活水平，更为整个世界创造了巨大的财富。然而，2020 年年初突如其来的新冠肺炎疫情打破了大家的生活与工作节奏，顷刻间国际社会风云变幻、令人猝不及防。那么，今后我们该如何面对未来？如何看待我们曾经习惯的世界？

在国家"一带一路""中国制造 2025"的宏观政策之下，建设正有序推进；"5G"建设如火如荼，"新基建"在疫情之际也被提出，这一切似乎预示着新的时代正在来临，我们必然要面对新的变化和机遇。国家正对传统工业领域尤其是低端制造业领域进行合理而必然的产业升级，转向新型工业、智能制造等领域，传统的工业领域以及工业建筑领域也将面临行业和产业的变革。

20 世纪 80 年代，大学院校还设有工业建筑教研室，工业建筑与民用建筑比例并重；而如今，专业院校基本很少有专门研究工业建筑的师资和课程。出版领域也如出一辙，笔者从业的十年间，唯一涉及工业建筑的主题也仅仅是"后工业景观"，从严格意义上来讲，这不属于工业建筑领域，而是城市更新主题。如今，面临新的变化、时代的变革，我们该如何面对工业建筑的发展？

"工业建筑趋势与实践系列"丛书是全面、系统关注"工业建筑"主题的系列丛书，突出工业建筑的最新趋势、观点、实践和热点，也是在国际视野背景下，关注"当代中国"的切入点。整套丛书主题包括：新工业建筑、工业建筑色彩、工业建筑立面与细部、工业建筑功能与工艺、工业建筑结构、工业建筑遗留与再利用等。《新工业建筑——工业建筑趋势与案例》作为本套丛书的第一辑，综合引领丛书的学术体系，以工业建筑为主题，分工业建筑趋势与工业建筑案例两个篇章，以陈述观点和国内外典型案例的形式呈现，宏观探讨近年来工业建筑的发展现状和趋势。

本套丛书的定位、本书的撰写方向和主题侧重，得到了众多专家、学者和行业机构的支持。黄星元大师、费麟大师，作为工业建筑界的前辈和专家给予了大力的支持和指导；中船第九设计研究院总建筑师陈云琪、中国海诚工程科技股份有限公司建筑总监张小龙、中建八局装饰工程有限公司首席幕墙专家罗永增，作为业界的专家给予了大力的支持，并承担了部分编写工作；同济大学建筑与城市规划学院阴佳教授、田唯佳副教授、王珂副教授在工业建筑的色彩研究课题上给予了理论联系实践的依据；刘宇扬、段芸、薄宏涛、朱培栋等知名事务所建筑师，提供了工业建筑更新的典型案例。特别感谢山东万事达建筑钢品有限公司总经理许书恒、总监张俊彦、立邦工业涂料事业部总裁胡朝晖、许瑾文先生、毛治先生对本书出版的大力支持！

中欧建筑传媒中心作为中欧国际视野下的国际文化机构，借本书出版之际，持续关注"当代中国""工业建筑""城市更新"和"设计实践"等主题，并希望携手当代优秀设计的思想者和实践者共登中欧国际舞台，为"当代思想者"发声。

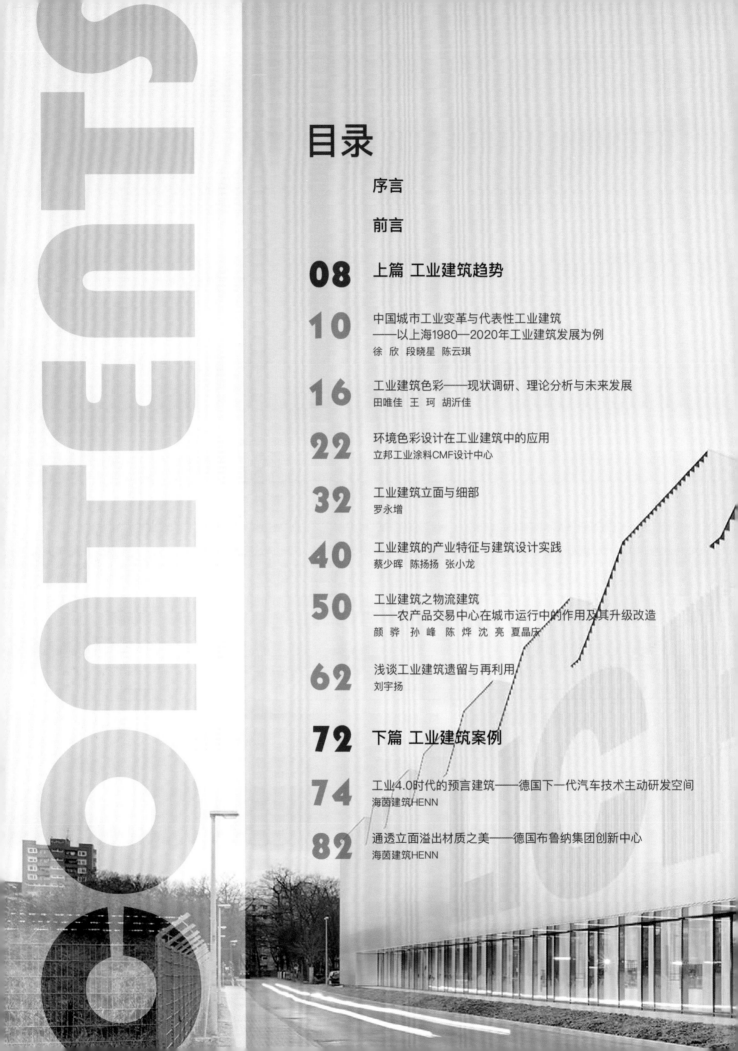

目录

上篇 PART I

工业建筑趋势

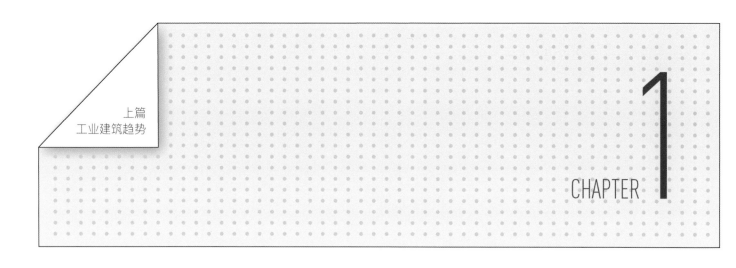

中国城市工业变革与代表性工业建筑

—— 以上海 1980—2020 年工业建筑发展为例

CHINESE URBAN INDUSTRIAL REFORM AND THE REPRESENTATIVE INDUSTRIAL BUILDINGS — TAKE THE EXAMPLE OF SHANGHAI FROM 1980 TO 2020

徐欣　段晓星　陈云琪　（中船第九设计研究院工程有限公司）

一、概述

经济发展不均衡是我国的基本国情之一，在工业发展领域也同样存在。由于全国各地区的工业发展存在较大差异，所以很难用简单的归纳判断来描述全国的工业发展变革。上海 1949 年前就是全国重要的轻工业中心，之后工业产业发展一直延续未有中断，工业一直是上海的重点发展方向。截至2019 年，上海工业增加值达 9670 亿元，居全国第一。上海的工业发展规划前瞻性强，政策引导和布局合理，各阶段工业升级转型过程非常清晰。当前上海的工业发展重心全面转向战略新兴产业，与国家政策导向保持一致，上海在可预见的未来仍将是中国最重要的工业中心之一。所以，上海可以作为我国典型城市工业发展的代表，上海的工业发展变革过程一定程度上体现了整个中国的城市工业的发展脉络。

二、上海工业发展与变革阶段

上海的工业发展自 20 世纪 80 年代改革开放以来，大致可划分为四个阶段。

1978 年，党的十一届三中全会作出了实行改革开放的重大决策之后，上海的整个工业发展，经历了一个工业用地不断置换外迁和产业不断集聚化、区域化、专业化的过程，形成了一批重要的国家级、城市级工业开发区。截至 2010 年，全市开发区共有 41 个，规划面积约 532km^2，其中工业开发区为 39 个。

表1 上海工业发展规划与阶段

● 年代	● 对应发展规划	● 工业发展阶段
1978—1990年	"五五"—"七五"期间	改革开放初期恢复性调整，上海工业由重工业向轻工业调整
1990—2000年	"八五"—"九五"期间	1. 浦东大开发战略，工业布局调整和外迁； 2. 1992年10月召开的中共上海市第六次代表大会和1993年2月召开的上海市第十届人大一次会议明确提出：汽车制造业、通信设备制造业、电站成套设备制造业、石油化工与精细化工工业、钢铁工业以及家用电器制造业是上海20世纪90年代要加快发展的工业支柱产业； 3. 配合支柱产业，大量工业园区批建
2000—2005年	"十五"期间	1. 六大产业基地建设； 2. 2000年提出新六大工业支柱产业：钢铁、汽车、造船、石化、高新技术和生物制药
2005—2010年	"十一五"期间	2009年8月17日 人民网发表《上海九大产业将取代六大支柱产业》：新能源汽车、民用航空制造业、先进重大设备制造业、海洋工程装备、新能源汽车、生物医药、电子信息制造业、新材料、软件和信息服务业等新兴产业将取代传统支柱产业
2010—2020年	"十二五"—"十三五"期间	1. 2010年10月国务院下发《关于加快培育和发展战略性新兴产业的决定》。《决定》指出，根据战略性新兴产业的特征，立足我国国情和科技、产业基础，现阶段将重点培育和发展节能环保、新一代信息技术、生物、高端装备制造、新能源、新材料和新能源汽车等产业； 2. 2018年，上海全市总投资亿元以上的工业项目完成投资同比增长19.8%，工业投资增幅实现新高。其中总投资超过百亿元的项目主要来自于电子信息行业的集成电路、新型显示等领域

改革开放初期，上海工业主要由重工业向轻工业进行恢复性调整。20世纪80年代早期，上海工业工程建筑主要以单个项目为主，如上海宝山钢铁总厂炼钢厂项目、上海永新彩色显像管厂项目、上海施贵宝制药有限公司项目等。

20世纪90年代至21世纪初，得益于浦东大开发战略和一系列的工业发展政策，上海工业建设持续发展。这一时期，上海明确提出六大支柱产业概念，包括：钢铁、汽车、造船、石化、高新技术、生物制药。期间涌现了一大批重要的工业建设项目，比如上海大众汽车厂工程项目、上海石化总厂30万吨／年乙烯装置及乙烯厂总体工程项目、上海华虹NEC电子有限公司项目、中芯国际集成电路（上海）有限公司项目、上海外高桥造船有限公司项目、中船长兴造船基地一期工程等。

2006年后，上海明确停止新批市级以上工业园区。在新兴产业不断涌现和发展的影响下，工业园区内部结构调整和整合动作不断。比如，莘庄工业区内形成了以航天为核心的上海航天城；张江高科技园区内形成了以生物医药为核心的上海生物产业基地；临港园区内形成了以高端装备制造为核心的装备产业区；浦东形成了以大飞机为核心的商飞总装制造中心浦东基地；等等（表1）。

三、上海工业发展与基础设施建设

工业建筑是工业发展的基础，不同阶段的工业发展阶段，对应的基础建设也有所不同。上海在各个发展阶段，涌现出了一批有代表性的工业园区和工业建筑。作为时代更迭的见证者，每一座标志性的工业建筑都承载着这座城市的过往和骄傲。

1. 上海宝山钢铁总厂炼钢厂

该项目坐落在上海市宝山区，濒临长江口，是当时国内规模最大、设备最先进的现代化炼钢厂，其中转炉基础1979年获冶金工业部颁发的优质工程称号，1980年2月获上海市人民政府颁发的上海市重大科研成果二等奖。该项目由日本新日铁株式会社设计，上海建工三建集团有限公司承建，土建部分于1983年2月竣工。炼钢厂共有炼钢主车间、脱锭模车间、钢锭模制造车间等41个单体工程。主车间为7跨，跨度27m，柱距为28m和20m。屋面和墙面分别采用国内首次使用的棕红色和浅棕色轻型彩色复合压型钢板以及铝合金压型板等新型材料。工程施工中采用了高强螺栓连接，框架标准节间综合吊装；料斗、横向天窗地面组装，整体吊装；大钢柱双机起吊回直单机安装等工艺。7100m³大体积混凝土转炉基础采

1

1 中芯国际集成电路（上海）有限公司
2 中船长兴造船基地

用泵送工艺，28 小时一次浇完，在不设施工缝的情况下做到无裂缝，在国内尚属首次。

2. 上海石化总厂 30 万吨 / 年乙烯装置及乙烯厂总体工程

该项目位于上海石油化工总厂生产区西南端，含 4 个单项，包括一套 250 万吨 / 年常减压装置、一套 30 万吨 / 年乙烯装置，以及总体和油罐区。该装置属易地建设的特大型工程项目，工程内容和自然条件变化复杂。与该装置配套的总体工程具有先进完善性，与大总体相适应。该装置 1987 年开始建设，1989—1990 年各装置均一次试车成功，并连续长期运行，处理量达到设计要求。该项目 1991 年获得上海市结构专业优秀设计奖。

3. 上海通用汽车项目

该项目是上海通用汽车有限公司中美合资的最大项目，年产中高档轿车 10 万辆。该项目建于浦东新区，设冲压、车身、油漆、动力总成、总装五大生产车间，以及车身分配中心、行政管理楼、各种公用站房、生活楼等 28 个建筑单体，总建筑面积 22 万 m²，项目总投资 13.5 亿美元，其中土建、公用 2.5 亿美元。工艺上引进通用汽车公司的模块化、柔性化、精益生产等先进的汽车制造技术。1996 年 7 月开始设计，1998 年 12 月 17 日生产的首辆车下线。本项目技术先进，在建设速度和质量方面都是成功的典范。

4. 中芯国际集成电路（上海）有限公司项目

该项目位于上海市张江高科技区的张江路 18 号，2000 年 8 月开工，2001 年 9 月建成投产，是当时我国最大的芯片制造厂，生产 8in 芯片。该项目设计由荷兰克利多、中国台湾 JJP 建筑师事务所、安群事务、中船第九设计研究院工程有限公司共同完成，获得 2005 年上海市勘察设计协会的优秀工程设计一等奖。项目投资近 140 亿元，包括三个大型车间及附属用房，建筑面积 11.7 万 m²。核心部分采用当时世界最高净化等级 I 级，1–4 级净化面积近 30000m²。基础采用大质量块，通过控制建筑物的自振频率、结构刚度和位移来实现抗微振的设计要求。设计中采用的多项技术均属国内首例，如剧毒物质储存、大面积超净化、特殊超纯水制备、早起烟雾报警系统、有毒易燃易爆气体泄漏探测系统等（图 1）。

5. 生物芯片上海国家工程研究中心

生物芯片上海国家工程研究中心是国家发展计划委员会

2

及上海发展计划委员会投资的项目，总投资为2.9亿元，建设地点为上海张江高新技术开发区的二期药谷内，占地4000m²，主要设置研发生产楼、办公综合楼及工程楼，建设面积为18600m²，分别进行基因、蛋白和组织芯片的研究开发与生产服务，于2004年1月全部竣工。该项目不仅是上海市2003年的重大工程，也是我国仅有的两个生物芯片国家研究中心之一，对我国生物芯片的研究开发及生产有着重大的作用。

该项目先后被评为上海市建筑结构优质工程奖、上海市申安杯优质安装工程奖、上海白玉兰奖、上海市环境绿化奖、中国医药工程设计协会2004—2005年度优秀工程设计二等奖。

6. 中船长兴造船基地一期工程

中船长兴造船基地位于上海市长兴岛的东南端，长江口航道东侧，是目前我国规模最大、设施最先进、生产品种最广泛的现代化造船基地，由中船第九设计研究院工程有限公司设计，中建港务第三分公司等单位施工建设。2005年6月3日开工，2008年6月3日竣工，获2011年中国勘察协会总包银钥匙奖、"第十四届全国优秀工程勘察设计"金质奖等。一期工程总投资

150亿元，占地面积560hm²，使用岸线3.8km，分为三条造船生产线，包括大型造船坞4座，配置有7台600～800吨龙门吊；舾装码头长2780m，材料码头长360m；20座大型加工车间，建筑面积共约110万m²，并第一次大规模使用适合江浙沿海气候的高侧墙挡雨板作为车间围护结构（图2）。

7. 上海航天设备制造总厂——总装总测厂房

该项目位于上海航天设备制造总厂区内，由主厂房、转载区、辅房和站台四部分组成，总建筑面积13832m²。建筑外形尺度为119m×105m，基本接近正方形。厂房的主要功能为箭体总装、总测、停放及转载。厂房为9级净化厂房，净化空间体量大，国内较为少见。该项目于2010年5月开始设计，2013年1月建成投产，获得2017年工业和信息化部工程建设管理中心优秀工程设计三等奖。工厂投产后已完成长征五号、长征六号运载火箭的总装总测工作，为我国航天事业作出了重大贡献（图3）。

8. 中国商用飞机有限公司总装制造中心浦东基地

该项目位于上海市浦东国际机场南侧，用地约267万m²，总建筑面积约115万m²，包括科研办公区、生产准备区、零件

3

3 上海航天设备制造总厂
4 中国商用飞机有限公司总装制造中心浦东基地
5 商飞总装制造中心浦东基地中的 C919 客机 (来自网络)

制造区、部件装配和总装区、整机喷漆区、飞机试飞区、辅助
配套区以及园区道路、中央绿地、配套绿地和停车场等区域。
2013 年，形成 C919 大型客机研制保障能力；2016 年，形
成 C919 大型客机年产 20 架及 ARJ21 系列飞机年产 50 架
的批生产能力。按照"一次规划、分期实施"的原则，根据型
号产品的发展要求，浦东基地项目分步实施，一期建设项目
建设物流中心、复合材料中心等零件制造中心、部装厂房、总装
厂房、整机喷漆中心以及试飞站等，总建筑面积约 27 万 m²，于
2012 年陆续建成并投入使用 (图 4，图 5)。

9. 上海特斯拉超级工厂

2018 年 10 月，特斯拉上海超级工厂 (Gigafactory 3)

以 9.73 亿元投资进入实质性启动阶段。2019 年 1 月，上海有
史以来最大的外资制造业项目——特斯拉超级工厂正式破土动
工。2019 年 10 月，只用了 9 个月时间工厂主体全部完工，首
批试装车白车身下线。

特斯拉超级工厂按照整车制造流程共有四大车间：冲压
车间、焊接车间、涂装车间、总装车间。

特斯拉的冲压车间采用了中控室一体控制的模式，原材
料进入冲压件产出的整个过程为全封闭，只留下卷帘门用于模
具更换与维护。全封闭的冲压环境能够有效减少外界异物粘贴
到凹模与凸模，从而降低冲压件点蚀、凹坑等局部缺陷的几率。

焊接车间区别于其他多数整车厂，车间内出现大量铆接
机器人。特斯拉为降低 Model 3 的生产成本，采用了钢铝混

4

5

合车身。但钢铝间的焊接质量不容易保证，所以改用铆接工艺来代替焊接工艺。同时，该车间内也有大量焊接机器人。值得一提的是，在白车身整体焊装完成后，特斯拉还采用了机器人自动激光扫描的形式，来进行焊接质量和尺寸的检查。

涂装车间内部均为无尘车间，采用机械手进行全自动化涂装。总装车间采用了常规的一条主线、多条分装线同步生产模式。车门、电池等部件的转运，空中转运主要采用了螺旋举升机；待组装部件的地面转运则大量使用了自动导引转运车（Automatic Guided Vehicle，AGV）。该车主要通过磁条引导读取地标指令，并根据地标指令停靠到对应站点。近年，AGV 在汽车整车与零部件企业中逐步得到广泛使用，大幅度提高了物料转运的自动化程度。

CHAPTER 2

工业建筑色彩
—— 现状调研、理论分析与未来展望
COLOR OF INDUSTRIAL BUILDING — CURRENT SITUATION INVESTIGATION, THEORETICAL ANALYSIS AND FUTURE DEVELOPMENT

田唯佳　王珂　胡沂佳（同济大学建筑与城市规划学院、中国美术学院）

一、我国工业建筑的色彩现状

　　工业建筑是直接服务于工业生产的建筑类型，是建成环境的重要组成。我国早期的工业建筑设计和建造强调对生产工艺、使用空间、结构构造、采光通风等功能的满足，对外部形态、建筑色彩、环境协调、人文关怀等方面的考虑不足，很长时间内造成了建筑形象单调、结构类似、空间雷同、色彩乏味、环境混乱的现实状况。近年来，随着我国经济和城市建设迅速发展，工业建筑的投资规模剧增，工业建筑环境的物质性和艺术性也获得了更多的重视，其造型、色彩和材料等各方面都得到了很大程度的改善。新的建筑形式、新材料和新技术的加入，也使得工业建筑在形态、色彩、环境等

方面有了更加多元化和特色化的发展可能。建筑色彩作为工业建筑环境的重要环节，近些年也呈现出更为丰富和多元的发展趋势。为了厘清目前我国工业建筑色彩的现状和发展瓶颈，2019—2020 年我们选择中国中高端产业相对集中的 7 个城市进行了广泛的工业建筑色彩调研。

　　调研涉及上海、武汉、成都、苏州、天津、合肥、广州 7 个城市，主要以对工业建筑外立面色彩要求较高的电子设备、汽车、机械工业、物流、食品制造、印刷、新能源等产业为主。共收集工业建筑色彩样本 560 份（图 1）。

　　调研样本呈现出较为丰富的色彩类型，很多调研样本也通过色彩来展现自身的品位与个性，注重营造更具特色的建筑

図 1 我国工业建筑色彩的现状调研数据归纳

本次调研涉及的城市分布情况

天津

成都　武汉　苏州
　　　合肥　上海

广州

■ 本次调研主要以中高端产业集中度最高的城市为主，包含电子设备、汽车产业、机械工业等产业

本次调研涉及的厂房类型情况

厂房类型

39%
2%
2%
3%
3%
5%
11%
16%
19%

■ 电子设备　■ 汽车产业　■ 机械工业　物流　■ 食品制造
□ 印刷产业　新能源　化工产业　其他

■ 在本次的调研中，主要以电子设备、汽车、机械工业、物流是本次调研城市中的主力产业，它们对于厂房建筑外立面的色彩要求较高

作者简介
田唯佳，副教授，同济大学建筑与城市规划学院，城市研究领域学者。
王　珂，副教授，同济大学建筑与城市规划学院，社区公共空间研究领域学者。
胡沂佳，副教授，中国美术学院，色彩学博士，城市色彩规划研究领域学者。

环境。整体而言，调研样本的色彩以简洁、明亮和有时代感的色彩为主，同时根据地域、功能、工艺或产业类型的不同而略有差异。

调研样本的色彩，基本色多以简洁明快的高明度、低纯度的色彩为主；辅助色一定程度上可以增强色相变化，具有更高的饱和度和更低的明度；部分建筑配合高纯度的红黄蓝原色。就所有区域看，厂房主体颜色以白色为主，占比 65%；位于第二位的颜色是蓝色，占比 26%；灰色占比 6%；这三者占据了工业建筑主体颜色的绝大部分。与之相配合的是不同色相、明度和彩度的辅助颜色，以蓝色、白色、灰色、红色、绿色为主。工业建筑屋顶颜色以灰白色（47%）、蓝色（24%）、

灰色（11%）为主。玻璃的颜色主要以无色玻璃为主（77%）。

而从工业建筑体量和尺度看，越大型的厂房越倾向于选择白色外观，单体面积大于 1000m² 的厂房有 72% 的样本案例选择白色作为主体颜色，而小于 1000m² 的案例，这一比例降至 52%。白色虽给人以明亮的视觉效果，但是不易维护，色彩易老化，因此仍有一部分企业选择稳定性好、不易腐蚀、日常维护较为便捷的蓝色作为主体颜色。

从调研数据看，不同地域的工业建筑色彩也呈现出较为显著的地域差异。在长三角地区如上海和苏州，工业建筑以明亮的白色、灰色等浅色为主，少量建筑为其他浅色颜色，配以辅助的深灰或褐色配色。而在西部和北部城市，如天津和成都，

2

工业建筑中蓝色、黄色、灰色等色彩形象鲜明的颜色占比更高。工业建筑色彩具有一定的地域文化特征。

与此同时，不同的产业或建筑功能，其建筑色彩也呈现出一定差异。整体而言，电子设备产业厂房主体颜色倾向于白色为主，机械工业的厂房主体颜色以灰色、蓝色、化工色等色彩更为明显的颜色为主，食品制造业较多选择绿色作为主体颜色，印刷业多选择黄色。这种不同颜色的选择和不同产业期望表现出的企业形象和文化密切相关。

从调研的 560 个样本看，尽管今天的工业建筑色彩呈现出更为灵活和多元的类型，以及一定的地域、产业特征，但整体上仍存在地域特征不足、环境色彩凌乱、企业文化特征不明显等问题，我国工业建筑环境中色彩的重要性还没有被充分体现出来。工业建筑色彩过于单一、凌乱的问题同时存在，具体表现为：

（1）工业建筑色彩较为单一。很多厂区中简单使用统一颜色，不能通过色彩的合理搭配突出环境特征，也使得整个区域厂房色彩单一，缺乏活力。

（2）工业建筑色彩与区域环境不协调。工业建筑色彩存在一定的盲目性，与周边环境色彩不协调，部分工业建筑在整

个区域中格外刺眼和另类。

（3）色彩过多、过乱或使用不当。与色彩单一相反，部分工业建筑为突出属性或个性，采用了过于浓艳的颜色。

（4）色彩与工业建筑的功能不符，无法表现内部特质和场所精神。

工业建筑的色彩设计是建筑设计和环境应用的重要环节，如何协调环境、展现内涵、营造氛围、符合工业建筑的性格特征，仍有待更为系统的研究。

二、工业建筑色彩关联向度

无论是工业建筑还是民用建筑，在经历现代主义思潮后，白色的建筑与有色彩的建筑被习惯性地分成两个不同的类型，甚至出现了被称为白色派的一大批现代主义建筑师，在建筑设计中对于用色的思考还是将色彩这个对象看作一种手法，习惯性地作为装饰要素体现在设计中。其实色彩是各大文明发展进化中很重要的一个文化要素，其自身的价值维度和与人的关系在后现代时期开始被重视。尽管在近年来的工业建筑实践中，建筑外部色彩越来越丰富，但是在工业建筑领域，工业建筑外

2 马赛公寓（宋磊摄）
3 理查德·波菲尔的"西班牙红墙"

观的色彩规划以及设计仍没有获得足够的创新。色彩之于工业建筑的关联也应当和色彩之于生活中的环境、建筑物、消费品等日常事物一样，在多个维度构建起联系，从而展现色彩运用的价值。

1. 材料向度

材料的色彩属性是给予色彩材料向度的依据。首先，原始颜料的形成本身就与自然材料相关，矿物质和植物都是颜料、染料的来源。材料的原始属性中色彩表现也是与材料的性能、质感同等重要的要素，所以在很多文化里颜色的命名是借用了材料的名称，如砖红、赭石、朱砂等。其次，天然建筑材料本身所表现出来的色彩是最为直接的色彩表达，古典建筑中的各类石材（白、灰、黑、棕、绿、红等）、各类木材（棕色系）、各类型砖（红、灰色系），现代建筑里常用的混凝土材料（灰色系）、金属类材料（灰色系）、玻璃材料（透明）都是材料固有的色彩体系。工业建筑是在 19 世纪随着工业革命、工业大生产而诞生的建筑类型，木材、砖是早期工业建筑使用的主要材料，现代工业建筑则更广泛地使用钢与钢的衍生品作为主体材料。但是钢材作为材料本身所能表达出的色彩特征非常有限，加上工艺与防火的需求，钢材本色的表达已经不能与石、木、砖等传统材料相提并论了，所以以色彩之于钢这类材料，以及色彩之于工业建筑这种建筑类型势必将色彩单独提取出来，使之成为一个独立的体系，并思考和转化色彩中所能够表达出来的材料特征，这是色彩能够被理解的很重要的因素。换句话说，色彩的可识别性与记忆点可以依托色彩所关联的材料特性来定义和强调。所以色彩在材料向度的表达所依托的是材料本色指向的色系，以及在色系的命名上能够与原始材料关联的叫法。由于工业建筑外围护材料功能与性能的需求特殊，通常以金属为主要外饰面材料的工业建筑也更需要在色彩的使用上加入材料向度的思考。

2. 形态向度

到底是形式还是色彩产生了古典建筑的美？当考古发现古希腊的建筑原本是外表通体有颜色这个事实后，建筑领域的白色派和彩色派之间的争论一直存在。白色派追求建筑形态的纯粹几何美感，彩色派则运用色彩表达多重的空间含义。勒·柯布西耶在马赛公寓即将完成时，用颜色的涂装来掩饰施工期间的比例错误，但是最后建筑师还是表达出对于颜色的摒弃："如果没有犯这些错误，马赛公寓永远不会有彩色的外壳。"所以现代主义时期的众多案例并不能作为色彩运用的积极产物，但是当代建筑师的色彩表达则充满了形态概念。颜色的介入使真实的形体出现视觉感知上的变形和错位，失真本身也是颜色运用所想要呈现的形态结果（图2）。

近年来在国内传播非常广泛的理查德·波菲尔设计的住宅就体现了色彩的形态向度，建筑采用高饱和度的红棕色与翠绿色作为外立面与内庭院的色彩，这两种色彩的大面积使用与形态的交叠相结合。这个建筑由于体量巨大，尺度与工业建筑的尺度相仿，色彩的运用不仅给建筑形态增添了视觉的冲击感，更重要的是色彩的运用更加强调了设计师所营造的建筑有如一座城市的形态设计概念（图3）。这样的手法在工业建筑设计里面更应当推广。由于工业建筑成组规划的需要，大面积的色彩运用更应当强调体积语言而不是面的语言，而色彩的变化与交接也应尽量保证建筑体块的整体性，从而避免在一个面上多种色彩的碎片化拼接。

3. 产业向度

工业建筑里产业类型有着明确的细分方向，不同产业类别对于色彩的运用有着不同的倾向，正如调研部分提到的电子设备、汽车、机械工业、物流、食品制造、印刷、新能源等产业在建筑外观上会有固定的色彩偏好，产生这些偏好的根本原因其实与大众文化认知中的色彩心理导向相关。比如高科技、医药、新能源类企业与制造、印刷型企业的色彩倾向不同，前者偏向冷色系，后者偏向暖色系和多彩搭配。产业类型的色彩倾向当然是与消费者的心理认知相互作用的，比如生物、医药类型的企业需要让人感知到洁净与健康这两个主题，那么与之对应的颜色就不会选用红黄系列的暖色调，则更多地采用白、蓝、绿等能够与企业形象与内涵相吻合的色彩进行搭配。

工业建筑的用色应与企业的产业定位和产品特征密切相关，也应与企业的视觉设计相适应并借用其色彩运用的原则。企业的视觉导示设计往往不在乎使用了多少色彩，而是寻找到一个最能表达企业特征的色调，着重体现企业的文化和产品的特色。工业建筑的色彩也是如此，将大体量建筑外观的色彩与企业品牌的色彩联系起来，并且找到融合点是工业建筑色彩的产业向度所要关注的要点。

4. 地域向度

无论是西方圣托里尼岛的蓝白，还是东方江南水乡的黑白灰，当提出一个特定地域的名字时，一套这个地方专有的颜色系统立刻会在人们的大脑里呈现。这套蕴含地理信息的色彩搭配是工业建筑里极为缺少的场所关联性，也可以称之为地域向度。同时影响地域特征的要素还有特定地区的气候特征，气候决定了自然光环境。中国各地区的气候条件各不相同，一年四季阴雨天偏多地区与晴朗干燥地区的光照条件迥异，这对建筑物外观色彩的视觉感知影响是起决定性作用的。"色彩是光之子，光是色之母"，这是毕生从事色彩研究的包豪斯学院教师约翰内斯·伊顿论述的光与色的关系。不同纬度、不同地理环境的自然光照条件不同，在很大程度上决定了不同地域的色彩特质。比如法国南部地区，光照强烈，阳光属于偏暖的黄调，建筑色彩的色相对比丰富，斑斓缤纷。我国江南地区的光照多受云层阴影的遮挡，太阳的能见度比较低，多雨的气候导致光线的漫反射比较多，因此建筑的色彩表现上没有过多色相关系的强烈对比，更多的是中明度层级的色相微差，体现的是精致细腻的美学。

基于地域向度的色相讨论，反观调研中出现的四川盆地与江南地区的工业园区，新建工业厂房中不少案例都采用了色相对比大胆、彩度高的外观设计，这样的色彩运用实际上与当地的地域特征产生了不协调。川渝地区与江南地区长年都是阴雨天为主，不见太阳的天数占全年的一半以上，在雾气蒙蒙的背景中，如果用彩度高的颜色铺满大体量厂房外表面就会让颜色感觉"脏"。这样的用色误区目前在我国的很多地区都有存在，所以在工业建筑外部色彩使用上应当首要考虑地域因素，灰蒙蒙天气为主的地区尽量搭配低彩度的主体颜色，晴好天气占多数的地区可使用高彩度的颜色。

5. 感知向度

人的视觉感知是人与环境产生联系最直接的方式，视觉感知影响到心理活动的变化，所以色彩感知系统是一个复杂的感官系统。不同色相会让人产生不同的情绪，比如红色让人兴奋、让情绪活跃，在我国红色还具有特别的文化含义，能让人感到喜庆、好运；蓝色给人理性、沉稳、宽广的感觉，与天空、水有着直接的联系；绿色则与自然的一切相关事物有关，环保、生态、自然等概念都能与之相连；黄色给人的心理感受是多重的，从历史文化的角度来看黄色代表了权力、尊贵，从自然的角度来看黄色也与丰收相关联；工业建筑里常用的白色，给人感觉到洁净、整齐、严肃。

所以基于色彩心理学分析和指导色彩设计的研究有很多，特别是在大众消费品行业里，什么样的色彩会引起人们什么样的心理反应，也是既有色彩研究里反复讨论的内容。但是如果色彩设计的对象转变为工业建筑以及更大层面的工业园区，色彩设计更多应该偏向色彩规划的讨论。因为单纯的视觉感知在这里是与空间感知相结合的，色彩的使用也不仅仅限于一种色彩的单一运用，而是一整套的色彩规划设计。工业建筑的外部色彩设计最终的成果也应当是主色调、辅色调相结合的色彩图谱，而不能简单地依照建筑单体的个性化进行自由发挥。

三、我国工业建筑色彩发展潜力

色彩与工业建筑的五个关联向度所提倡的是一套精细化的工业建筑色彩规划方法。材料向度与形态向度偏向于建筑设计本体内容；产业向度明确指明工业建筑有别于民用建筑的色彩运用特殊性；地域向度与感知向度体现了色彩学与建筑设计两大领域的交汇点。梳理这套方法的目的是在工业建筑快速升级换代的今天，调整过去粗放型的设计与建设方式，同时提出工业建筑设计未来发展的三个重心：

（1）重科技：科技的发展推动着新型材料的创新，半透明材料、多孔材料、特殊肌理材料都会为色彩增加新的质感和表现力。同一色调在不同材料肌理的作用下所延展出来的视觉表现既能保持建筑表面色彩的统一性，又能在同色调中产生变化，这样多肌理、多层次、多变化的色彩图层研发也会是未来工业建筑色彩发展的创新方向。

（2）重体验：色彩能够激发空间的活力，人的体验是衡量空间活力的核心要素。工业建筑虽然是以生产为主要任务的建筑类型，但是人的活动与多产业的融合将是工业建筑园区的一个重要方向，所以重视人的视觉体验与空间体验相结合的色彩规划在未来的工业建筑设计中将有极大的潜力。

（3）重文化：文化是推动我国产业发展的核心动力，文化自信与文化认同是我国城市规划与建筑设计所体现的重要精神。色彩是文化的重要载体，色彩的运用是表达文化内涵的重要方式。工业建筑的色彩规划也应从自然特性、地域特征、风土人情中体现综合的文化价值，这将会是未来工业建筑色彩发展中新的重点与亮点。

工业建筑不再是单单关注生产、体现效率的功能性建筑类型，它也是城市的一部分，是容纳人们生产生活的场所与容器，过去近十年我国城市不断地涌现出大量高质量的色彩规划、色彩控制导则，色彩设计也必将成为引领工业建筑发展与升级的重要组成部分，工业建筑的未来将与色彩为伴，和城市一起形色相依共同发展。

CHAPTER 3

环境色彩设计在工业建筑中的应用

APPLICATION OF ENVIRONMENTAL COLOR DESIGN IN INDUSTRIAL BUILDINGS

立邦工业涂料 CMF 设计中心

理想的景观设计是以令人愉悦的方式呈现在周围环境中的。环境中充满着色彩绚丽、种类繁多的材料，同时还有各种复杂多变的形态，开发行为稍有不慎容易导致失衡，因此在进行大规模设计时，需要以人为中心，在保护自然环境的前提下，对环境进行重构和综合性设计，提高环境的舒适度。

在环境重构过程中，一方面是在构建以满足使用功能为前提的基础设施；另一方面是追求环境品质的提升，而综合性设计的目的就是使基础设施更加促进人与环境的有机融合。

随着现代科技的进步和人们环境保护意识的增强，工业建筑的环境友好性、工业园区的生产生活一体化、工业产业的旧城改造升级换代、工业 4.0 的展望与发展越来越需要在设计之初导入色彩的规划与设计，以达到理想的景观设计。

因此在推动人类生产生活进步的过程中，我们即需要配置各种各样的人类建造的设施，如道路、建筑、桥梁、标识等等，同时也要意识到这些设施与其所使用的材料会影响人们的感性认知和印象判断。科技的进步依托设施的建立，人与环境的和谐共处则依托设施的科学和理性设计。

一、环境与色彩

色彩，作为影响人类感知的元素之一，有着巨大的影响力，能够帮助视觉识别，并使人产生联想和情绪。为了让环境这个大舞台更有魅力，需要对这个舞台上出现的道具（建筑、桥梁、招牌等设施）进行管理和设计，并进行色彩规划。

因为环境构成复杂多样，不同的设施又有着不同的特征，

1 安全标志图形
2 功能色使用图例
3 工业厂房色彩概念图

2

3

使用色彩规划手段，更容易提高景观的品质和印象，创造令人愉悦的、舒适的环境景观。

工业建筑作为环境景观之一，为了满足制造工艺的布局与高效生产的需要，厂房自身的造型大多简洁而统一。了解色彩设计的禁忌与行业规定，合理地进行色彩设计，既可以增强工业建筑与周围环境的和谐共处，也可以提升工业企业品牌的认知和形象。

例如，工业建筑在进行色彩规划时，为工作人员的安全，会根据国家标准使用安全标志和安全色，以引起注意，表明禁止，警示提醒。其中，鲜艳的黄色和红色作为警示色，使用频率比较高，是典型的功能色代表（图1，图2）。红色作为强调色的设计，既说明了企业特征，也起到了空间安全警示作用。

在进行初期规划设计时（图3），会导入色彩印象，往往使用企业彩色强调品牌形象或企业特征，但前提需要了解国家相关法律法规，规范色彩设计。

国家标准化管理委员会公布的最新标准《图形符号安全色和安全标志 第5部分：安全标志使用原则与要求》（GB/T 2893.5—2020）于2020年10月1日起正式实施，

二、环境与设施的色彩规划和设计

色彩规划和设计，是由于环境的复杂性和环境内各种设施的多样性，在进行综合设计时以色彩为中心，以环境设计方案的动机为基础，以人（作业性、视觉认知性、安全性）、环境（地域性、特征性、社会性、文化性）、设施（功能、形态、

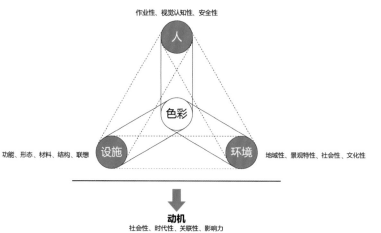

作业性、视觉认知性、安全性

人

色彩

功能、形态、材料、结构、联想　设施　环境　地域性、景观特性、社会性、文化性

动机
社会性、时代性、关联性、影响力

4

4　环境色彩规则三要素
5　景观特征之环境鸟瞰
6　设施色彩设计八角模型图

5

材料、结构、联想）为基本三要素的综合评价方法，这种综合评价相互之间平衡关系的行为，称为环境色彩规划（图4）。

　　环境，从其特征性可以分为地域特征和景观特征。地域特征是指规划地所固有的特性，如气候，以及从过去到现在，甚至到将来，在土地使用进程中所积累的历史、文化、风土人情等属性。景观特征是指对具体的自然环境和人工环境给人的印象，如山川、海河、田园、城市，以及其他大规模的开发建造等。对环境特征的了解，尤其是自然景观和城市景观的背景把握，直接关系到色彩设计方案的呈现（图5）。

　　设施，作为景观构成的主要元素，包括建筑、交通、道路、桥梁、景观、标牌、橱窗、灯光、水域、生态、人文等。原有设施的规模、构造、材料等形态特征，将直接影响新建设施的形象。

　　利用使用设施色彩设计解析八角模型图（图6）和SD法

（表1），分析构成设施的材料、规模、辨识和色彩，对于把握新设施的具体形态特征、寻找与周围环境更匹配的色彩提供了方向。

　　在实践过程中，通过有计划的色彩规划，将设计动机和评价方法贯彻到设施色彩设计中，不仅具有客观的说服力，使设施在环境中获得辨识度，还可以避免色彩流于个人喜好的感性认知。

三、设施表皮材料与金属围护的色彩应用

　　建筑作为设施构成的主要部分，对周围环境的影响至关重要。建筑材料大多使用砖木、石材、玻璃、混凝土、陶瓷、涂料、金属及彩涂金属板等，不同的材料自身具有不同的特征。金属材料即是构成建筑工程结构的材料之一，也具有保护、装饰、美化等功能，并逐渐形成独特的美学印象。

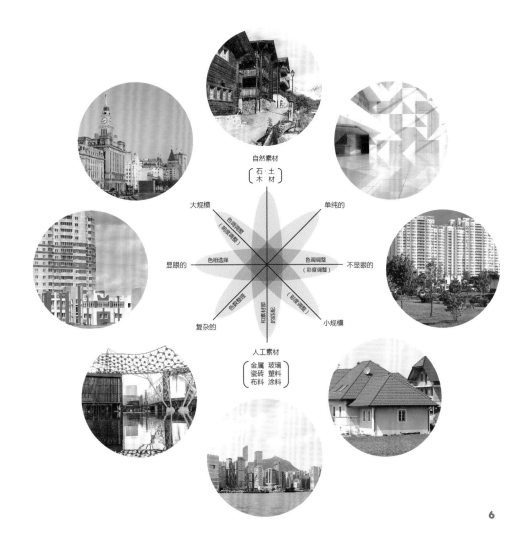

6

表1　利用 SD 法分析设施的形态特征

● 设施特性			
规模感	大的 — 小的		○ 补正复杂感； ○ 色数和使用法； ○ 面积效果、轻量感
重量感	重的 — 轻的		
材质感	硬的 — 软的		
构　造	复杂 — 单纯		
● 形态形成的空间特性			
	暗淡的 — 明亮的		○ 补正暗淡感、阴湿感； ○ 补正压迫感、抵抗感
	狭窄的 — 宽阔的		
	消极的 — 积极的		
● 形态联想到的印象特性			
	强而有力的 — 软弱的		○ 补正负面印象
	尖锐的 — 迟钝的		
	冷淡的 — 温暖的		
	难亲近的 — 易亲近的		
	有机的 — 无机的		

注：SD 法即语义分析法（Method of Semantic Differential），又称语义分化法、语义差异法、双极形容词分析法，由美国心理学家奥斯古德（Charles E.Osgood）与其同事创立。语义分析法是运用语义区分量表来研究事物意义的一种方法。

如何在设施表皮与金属围护结构上进行色彩设计，是建筑设计中必须好好思考的课题。

1. 砖木

我国传统建筑是以木结构框架为主的建筑体系，以砖、木、土、瓦为主要建筑材料，金属一般用于纹理装饰或隐性加固件。以故宫博物院为例，黄绿瓦面、青绿梁枋、朱红墙柱、白色栏杆、鎏金溢彩的风格，成为中国古代木构建筑的典型色彩特征，这一特征奠定了中式审美在外观形象上明确的认知感和识别性（图7，图8）。

2. 石材

自古希腊起，石材一直扮演着重要角色。石材资源丰富，便于大规模开采和工业加工，性能稳定，材质颗

粒细腻均匀，色彩较为丰富，是建筑的理想装饰材料，也是艺术雕刻的传统材料。石材的色彩较为丰富，但以原始色为主要呈现，正因为原始色来源于石材的自然呈现，因此石材给人自然生态的感觉（图9，图10）。

3. 玻璃

玻璃制品具有透光、隔热、保温等优良性能，所以在建筑上广泛应用，尤其新型玻璃的出现，如安全玻璃、保温绝热玻璃、镭射玻璃等拓展了其应用空间，也提高了建筑的表现力。通常，玻璃在建筑上呈现了自然通透的基本特征，但随着科技与工艺的发展，在建筑中越来越多地应用了不同颜色的玻璃，这也给建筑师在建筑创作中的视觉呈现提供了更多选择（图11，图12）。

4. 混凝土

混凝土具有易塑、经济、安全、耐火、耐久等优势，在工程中适用于多种结构形式，能根据不同施工要求，实现不同的配置，被称为"万用之石"。但是混凝土呈现的颜色，通常以单一而原始的方式出现。相信随着科技的发展，多色混凝土将有其用武之地（图13，图14）。

5. 陶瓷

常见的陶瓷制品有釉面砖、外墙贴面砖、地砖、陶瓷锦砖（俗称马赛克）以及仿古建筑中常用的琉璃瓦等。陶瓷自从出现之时，就呈现出万紫千红的颜色，为建筑丰富的造型艺术提供了更多的选择。图15所示为贴砖屋顶饰面实例，图16所示仿贴饰金属屋面具有传承民族精髓和文化联想的意义，具有

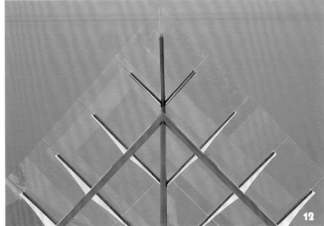

载荷轻、隔热防腐等多重功能，逐渐成为新建建筑或旧城屋顶改造设计的常用材料。

6. 涂料

涂料作饰面是一种简便、经济的方法，只改变色彩，并不改变墙面的质感，多见于住宅和厂房，也用于商业建筑、办公建筑等。涂料的色彩可以满足不同的辨识需要，在我们的日常生活和生产中有极其广泛的应用。例如，通过蓝白涂料的色彩装饰强化了地中海地域性景观特色（图17，图18）。

7. 金属

建筑立面材料中铝材、钢材等金属材料也较为常见，金属罩面板材主要有不锈钢板、彩色钢板、铝合金板、镀锌钢板、

7　故宫博物院
8　故宫门窗金属装饰
9　大理石建筑
10　大理石建筑金属门窗
11　玻璃饰面建筑
12　玻璃饰面金属结构
13　混凝土桥梁
14　桥梁金属拉索

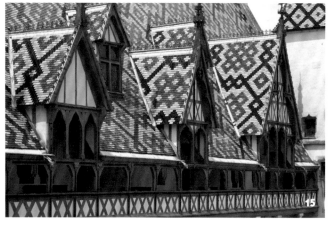

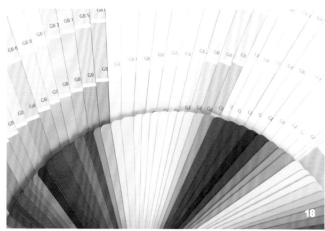

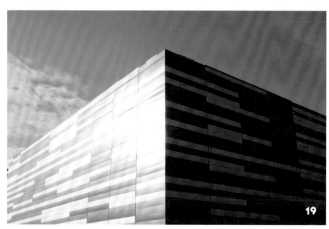

镀塑板等。随着加工和施工工艺的提升，金属板的已加工性也得到应用，可以满足各种造型设计需要（图19，图20）。

　　彩涂金属板与传统建筑材料相比，具有轻质高强、设计灵活、色彩丰富、易于造型、易于施工等优点，主要应用在工业建筑和大型公共建筑中，包括养殖业、医药、汽车等制造业厂房，以及物流仓储、机场航站楼、火车站、大型交通枢纽、会议及展览中心、体育场馆等，此类建筑结构主体通常为钢结构，其特点是跨度大、层数低，对外围护系统要求较高。涂料色彩的多样化，在满足彩涂金属板多样化应用的同时，也可以加强异性金属板材更好的色彩转折变化，为建筑立体结构提供更强的光影变化表现力（图21，图22）。

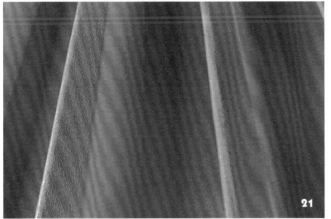

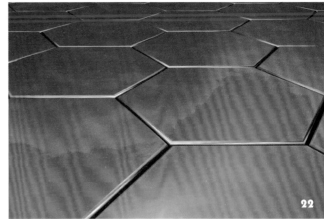

15 贴砖屋顶
16 仿贴饰金属屋顶
17 蓝白涂装建筑群
18 涂料色彩
19 平面金属造型设计
20 曲面金属造型设计
21 折弯彩涂金属板
22 异型彩涂金属板
23 改造前实景
24 改造后实景

四、工业建筑中色彩规划实践

案例一：海外某旧改环保型涂料生产制造厂

该改造项目为日本某环保型涂料生产制造厂，周边已经发展出非常成熟的生活社区，但是建筑面临表皮材料老化、内部采光不足，以及缺乏先进型企业的外形辨识等现状。项目改造不改变基底建筑，通过更换米色金属围护板、白色金属屋顶、增加窗上部的浅米色围护以及蓝绿色窗框、围护板

等自然配色技法，连接起"沙滩休闲感"的亲和力形象和"先进环保感"的时代审美需求（图23，图24）。

案例二：国内某新建现代化垃圾焚烧发电厂

城市生活垃圾焚烧发电厂是为了从根本上改善城市固体废弃物处理现状、保护城市环境而实施的环保工程项目。

该项目包括焚烧主厂房、引桥、综合水泵房、综合楼等设施，

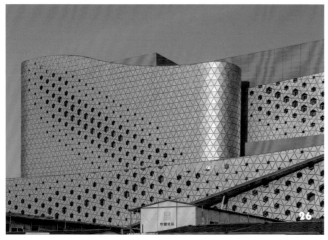

25 建筑屋顶实景鸟瞰
26 建筑表皮一
27 建筑表皮二
28 建筑表皮三

项目工艺主体为机械往复式炉排炉。建成运行后能够有效地解决垃圾处置问题,逐年消化现存垃圾,满足相关标准要求,逐步建成生态垃圾处理园区。

项目整体投产后,可消纳目前城市中心城区垃圾产生量的二分之一,使原生垃圾减容90%以上,节约宝贵的土地资源,实现生活垃圾的资源化利用,达到绿色环保的要求,实现垃圾处理"无害化、减量化、资源化"。

垃圾发电作为一种新型垃圾处理方式,在可持续性发展方面具有一定优势。该垃圾焚烧发电厂的发展是中国垃圾发电行业的一个缩影。建筑立面银色异型彩涂金属板改变了传统平整立面的印象,与红色搭配,凸显形、色、意之美。

综上所述,工业建筑作为环境设施中必不可少的影响因子,除对于使用功能、生产工艺有严格要求外,对于品质也有更高的要求,其体现的美则不仅在于其形体之美、外观之美、环境之美,最重要的还是在保障生产和经济的基础上,对于环境保护、资源的再利用和可持续发展理念的传达(图25-图28)。

27

28

CHAPTER **4**

工 业 建 筑 立 面 与 细 部

FACADE AND DETAILS OF INDUSTRIAL BUILDINGS

罗永增（中建八局装饰工程有限公司）

一、工业建筑立面发展

传统的工业建筑（主要指工业厂房）主要满足相对封闭、防水要求，除了内部有些特殊要求的区域（例如一些材料或工艺对温度、湿度要求等）之外，相对来说整体要求比较低，造价也相对比较低廉。外墙通常采用粉刷或彩钢板等做法，局部会做一些开启扇，满足建筑的采光和通风要求（图1）。

随着现代工业技术发展，人们生活水平不断提高，对工作环境的要求也在不断提升，以满足工人和工作人员的工作舒适度和生产环境卫生要求。因此，厂房的建造标准也越来越高，建造对于科技、创新、智能化、精细化的要求也更高了，建筑外立面的设计也相应融合了现代办公的元素，与传统工业建筑有了很大的不同（图2）。

二、工业建筑立面设计主要特点

工业建筑一般有特定的产业功能，例如医药、汽车、物流等不同产业的基础功能，对建筑的要求是不一样的，相对应的立面表现也就不一样。总的来说，工业建筑立面的设计要满足以下特点。

1. 立面的元素考量

从建筑立面设计来说，建筑师首要考虑的是立面的基本元素，在基本元素的指引下，既要保证立面的美观度，同时也要考虑与周边环境和建筑的协调，包括景观的配置。

外立面材料的选择也是立面设计的重点，通常工业建筑分可视区域和非可视区域，可视区域通常采用玻璃幕墙或门窗，

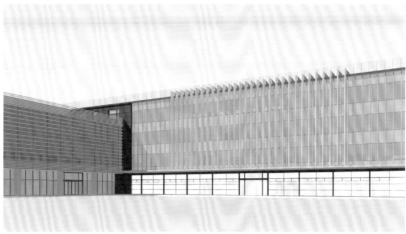

1 传统厂房形态特征
2 某生产管控中心立面设计 (+1Studio Architects & Designers 设计)

而非可视区域的选择就比较多样，最常用的有铝板、石材、陶板、玻璃纤维增强混凝土 (GRC) 等。铝板有单板、复合板和蜂窝板，表面处理通常有氟碳喷涂或阳极氧化。外立面石材通常采用花岗石，也有少量采用大理石和石灰石的，但大理石和石灰石一般强度较差，在厚度上要加大。由于石材是天然的各向异性的脆性材料，除了不同产地、不同部位、不同批次的差异外，同一石材在干燥、水饱和、冻融循环下强度值会有很大的变化，设计上要特别留意不同条件下的强度。同时石材的色差在设计时也要重点考虑，不同表面处理带来的视觉感受会不一样。陶板设计要考虑尺寸的限制，设计上一般采用开缝系统；GRC材料造型选择较多，但是加工精度较难保证，比较容易出现细部和表面的瑕疵，在设计上要特别注意。

2. 外立面的性能需求

外立面设计最基本的是"四性"，即气密性、水密性、结构性能和位移性能，其中最重要的是水密性和结构性能。水密性是确保在雨水、台风情况下不发生漏水；结构性能是要确保在风压等荷载作用下外立面不会被破坏和产生过大的变形。除了这四种基本的性能外，工业建筑外立面还需特别留意以下性能需求。

(1) 热工性能

能耗是工业建筑的一个重要指标。外立面的热工性能对整座建筑的能耗和舒适度有较大的影响。通常工业建筑的窗墙比不会太高。一些医药类的工业建筑，除了满足基本的建筑热工需求外，在材料的选择上也会尽量选择热工性能较好的产品。例如笔者设计的某医药企业的项目中，虽然单中空玻璃就可以满足基本的热工需求，但在实际工程中依旧采用三玻两腔玻璃，以提高玻璃的热工性能。除了玻璃，型材断热条的深度和样式的选择，也对热工性能影响较大。

(2) 采光和遮阳

工业建筑通常对采光要求不会太高，但需要满足基本的功能要求。在立面的设计上，遮阳显得尤为重要。很多项目通过装饰条或立面的造型来增强立面的遮阳功能。

(3) 通风和排烟

工业建筑立面通常要考虑通风功能，通风一般通过开启扇来实现，开启方式有内开、外开、内开内倒等。开启扇的面积一般不超过 1.8m²。排烟窗一般是下悬窗，上部外倒 70°，同时还需要消防联动。

3

三、工业建筑立面与细部案例分析

上海临港重装备产业区 H36-02 地块是由上海临港新兴产业城经济发展有限公司开发的，该地块为临港产城创新创业双创带的首发地块，是为创业和相应的产业发展提供研发、孵化、中试、量产和规模化发展的综合产业基地。本项目园区共由 23 栋建筑组成，其中高层建筑 7 栋、多层建筑 16 栋，设一层地下室。总建筑面积约 21.4 万 m²，其中地上面积约 17.1 万 m²，地下面积约 4.3 万 m²。建筑方案由德国 gmp 建筑师事务所设计，由同济大学建筑设计研究院（集团）有限公司三院三所负责建筑深化设计，幕墙设计顾问单位为上海稳达建筑工程咨询有限公司。基地位于上海浦东新区临港重装备产业区和物流园区内，主要功能为研发创新中心、研发厂房及配套服务设施。

建筑分东西南北四个区域，东区共有 4 栋建筑，东 1 楼、东 2 楼、东 4 楼为研发中心，东 3 楼为研发厂房；西区有 5 栋建筑和垃圾房，其中西 1 楼为研发中心，西 2 楼、西 3 楼、西 4 楼、西 5 楼为研发厂房；北区共 7 栋建筑，其中北 1 楼、北 2 楼、北 4 楼、北 5 楼为研发中心，北 3 楼、北 6 楼、北 7 楼为研发厂房，南区共 7 栋建筑，全部为研发厂房。东西侧为标志性高层建筑群，中间部位为小高层建筑群（图 3）。

基地北侧紧邻公租房小区，南侧为生产厂房区，西侧为规划的研发总部，东侧为规划的市政公园。建筑布置充分考虑了外部的业态。

建筑的立面设计力求简洁、现代，采用玻璃和石材组合的框架式幕墙。在保证采光的前提下，为提高幕墙的热工性能，降低建筑的能耗，建筑采用玻璃幕墙和石材幕墙交错的手法，窗墙比小于 50%。东面塔楼立面采用虚实跳跃形式，西面塔楼采用螺旋式上升的形式。立面的造型在统一的基础风格上，通过不同的组合，带来不同的视觉表现（图 4，图 5）。建筑立面与幕墙系统细部分析如下。

1. 折线型玻璃幕墙与石材幕墙组合类型

系统玻璃部分为竖明横隐框架式玻璃幕墙，最大分格为 1100mm×1450mm。玻璃小于 4.5m²，采用钢化双银 Low-E 镀膜夹胶中空玻璃。横竖向均为铝合金龙骨，采用 4mm 厚铝合金转接角铝通过 2-M6 不锈钢螺栓连接，同时考虑控制横梁扭转，在转接件上加设 ST4.8mm 不锈钢自攻螺钉。室外铝合金型材表面氟碳喷涂，室内铝合金型材表面粉末喷涂（可视部位）、阳极氧化（非可视部位）。铝合金竖向龙骨通过 8mm

4

5

3 上海临港重装备产业区 H36–02 地块总平面图（gmp 设计）
4 鸟瞰效果图（gmp 设计）
5 建筑效果图（gmp 设计）

厚热镀锌转接钢件及 14a 槽钢制转接件与主体预埋件可靠焊接连接，转接件与竖向铝合金龙骨采用 2-M12 不锈钢连接螺栓连接，连接处采用 2mm 厚绝缘垫板。转接件与预埋件三面围焊，焊缝高度为 6mm。

玻璃面板横向采用铝合金副框黏结结构胶与玻璃面板固定，铝合金副框通过铝合金压板采用 M6 不锈钢螺钉 @300mm 固定在横向龙骨上，玻璃底部设有铝合金玻璃托件。玻璃面板竖向采用通长铝合金压板固定，铝合金压板采用 M6 不锈钢螺栓 @300mm 固定，内外型材之间采用断桥隔热的形式，内外型材采用 M5 不锈钢螺钉 @300mm 可靠连接；竖向外部铝合金压盖距离外侧玻璃面 30mm。外压盖型材与玻璃相交处设有通长 EPDM 胶条和硅酮耐候密封胶。玻璃面板上下间胶缝设计为 15mm，结构胶厚度为 8mm，通过结构胶和构造系统共同作用，满足层间变位的要求。

系统石材部位采用 30mm 厚花岗石，水平分割为 1000mm，高度方向 500～600mm 变化。石材后部采用两片 4mm 硅酸钙板夹 100mm 厚的保温岩棉。保温层外部设置一道防水透气膜确保防水功能。石材通过 M8 的背栓和转接件连接到骨架横梁上，石材骨架采用钢结构，横梁为

50mm×50mm×4mm 角钢，立柱为 80mm×50mm×5mm 镀锌方通。横向 200mm 厚造型石材面板后侧玻璃幕墙为一体保温防水体系，石材面板及支撑钢龙骨自成体系，不与玻璃幕墙龙骨发生关系。石材面板后侧保温防水体系由外向内为：2mm 厚防水铝板 + 防水透气膜 +4mm 厚水泥纤维复合硅酸钙板（图 6）。

根据建筑的要求，幕墙需要设置一定的开启扇，开启方式为内平开系统，采用执手加多点锁构造。在平整的立面上，幕墙开启是常规的做法，但是在折线的幕墙上，开启的难度就大大提高了。通常幕墙立柱都是在折线的对角线位置，但如果按照对角线位置布置，开启部位局部需要额外突出边框才能满足开启的要求，这是建筑师不愿看到的结果。经过讨论，最终采用立柱垂直玻璃面的做法，这样使开启的做法更加简洁，非可视部位通过和内装的配合，也达到很好的效果（图 7）。

在前期的建筑立面设计上，建筑师希望石材盖过玻璃框料。但由于进出的空间不足，万一玻璃破碎，没有足够的空间来更换玻璃，这样可能需要拆除外部石材才能更换玻璃，这会给后期的维护带来很大的麻烦。在设计过程中，通过沟通和交流，在玻璃部位增加了副框，采用竖明横隐的做法，既确保了

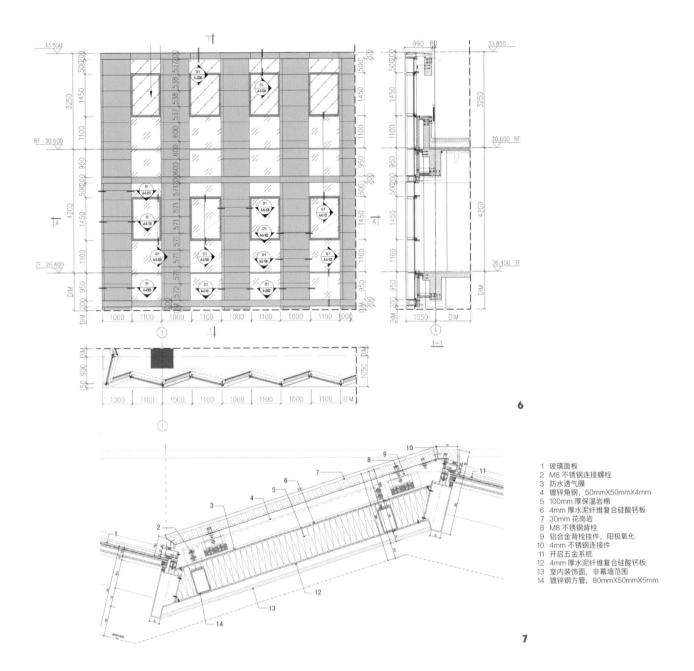

1 玻璃面板
2 M8 不锈钢连接螺栓
3 防水透气膜
4 镀锌角钢，50mmX50mmX4mm
5 100mm 厚保温岩棉
6 4mm 厚水泥纤维复合硅酸钙板
7 30mm 花岗岩
8 M8 不锈钢背栓
9 铝合金背栓挂件，阳极氧化
10 4mm 不锈钢连接件
11 开启五金系统
12 4mm 厚水泥纤维复合硅酸钙板
13 室内装饰面，非幕墙范围
14 镀锌钢方管，80mmX50mmX5mm

6

7

建筑效果，也为后期的维护提供了便利条件。

在幕墙的设计上，结构变形也是设计的重点，由于立面采用了不同的材料，玻璃幕墙和石材幕墙的容许挠度是不一样的，通常玻璃幕墙的立柱控制是采用 $L/180$，而石材幕墙的立柱变形通常控制在 $L/300$，变形过大就会造成石材破坏。在设计上，玻璃框料的计算最大变形量为 16mm，石材幕墙控制的变形量为 8mm，玻璃框料和石材的接缝宽度是 8mm，这样就能确保不同的幕墙系统在变形不一样的情况下，也不会碰到一起造成破坏。

幕墙的节能也是设计的重点，同一立面采用了不同类型

的幕墙，而石材又是采用升缝系统，这样非常容易形成冷热桥，影响建筑的节能效果。在设计上尽量保证隔热部位的连续性，防止冷热桥的形成。同时，在不可视部位（楼层和石材部位），采用 4mm 水泥硅酸钙板加 100mm 厚岩棉加 4mm 水泥硅酸钙板，确保外墙的热工性能。

层间防火也是幕墙设计不可忽视的方面。本系统设计了顶底两道防火，确保防火高度，上下层均采用两片 1.5mm 镀锌钢板夹 100mm 厚的防火岩棉。同时还要求施打防烟胶，避免火灾时烟的蔓延。

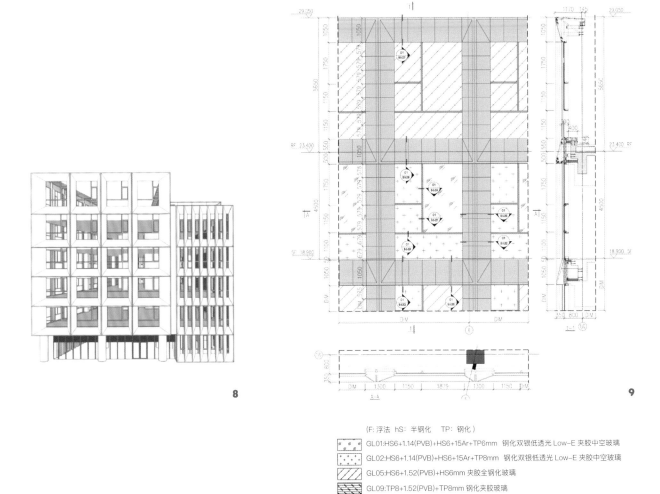

（F: 浮法　hS: 半钢化　TP: 钢化）

GL01:HS6+1.14(PVB)+HS6+15Ar+TP6mm　钢化双银低透光 Low-E 夹胶中空玻璃
GL02:HS6+1.14(PVB)+HS6+15Ar+TP8mm　钢化双银低透光 Low-E 夹胶中空玻璃
GL05:HS6+1.52(PVB)+HS6mm 夹胶全钢化玻璃
GL09:TP8+1.52(PVB)+TP8mm 钢化夹胶玻璃
GL11:TP8+15Ar+TP8mm 钢化双银低透光 Low-E 中空玻璃
GL12:TP6+15Ar+TP6mm 钢化双银低透光 Low-E 中空玻璃

浅灰色百叶（表面氟碳喷涂处理）
铝合金格栅（仅屋顶部位使用）
30mm 厚花岗石
3mm 厚铝板（表面氟碳喷涂处理）
4mm 厚水泥纤维复合硅酸钙板（面向玻璃侧可视面深灰色喷涂）

6 系统大样图
7 系统横剖节点图
8 系统模型图
9 系统大样图

2. 凹窗类型竖明横隐框架式玻璃幕墙系统

系统玻璃部分为竖明横隐框架式玻璃幕墙，GL01 玻璃最大分格为 1040mm×2237.5mm，GL02 玻璃最大分格为 2936mm×1055mm，GL03 玻璃最大分格为 1828mm×2237.5mm，GL16 玻璃最大分格为 1040mm×2237.5mm（消防救援窗）。横竖向均为铝合金龙骨，龙骨垂直于结构外侧布置。室外铝合金型材表面氟碳喷涂，室内铝合金型材表面粉末喷涂（可视部位）、阳极氧化（非可视部位）。铝合金竖向龙骨通过 8mm 厚热镀锌转接钢件及 14a 槽钢制转接件与主体预埋件可靠焊接连接。系统具有完善的保温和防水系统（图 8）。

石材部分面板及支撑钢龙骨自成体系，不与玻璃幕墙龙骨发生关系。石材面板后侧保温防水体系由外向内分别为：2mm 厚防水铝板加防水透气膜、4mm 厚水泥纤维复合硅酸钙板、100mm 厚保温岩棉、4mm 厚水泥纤维复合硅酸钙板、室内装饰面板（非幕墙设计范围）（图 9）。

凹窗类型幕墙和折线型玻璃幕墙与石材幕墙组合类型幕墙有着本质的区别，在这个系统中，玻璃面平行于楼板边线的，外部的凸出石材只是作一个造型，外部造型是开放式的，所有的防水和保温都放在内侧，这样既保证了保温和防水的连续性，也节约了成本。

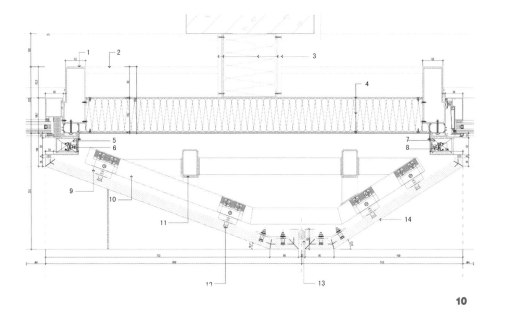

1 铝合金竖挺
2 室内装饰面（非幕墙范围）
3 防火隔墙（非幕墙设计范围）
4 防火隔墙（非幕墙设计范围）
  100mm 厚防火岩棉
  4mm 厚水泥纤维复合硅酸钙板
  防水透气膜
5 3mm 厚阳极氧化封边铝板
6 LED 装饰灯带（非幕墙范围）
7 3mm 厚阳极氧化封边铝板
8 LED 阳极氧化封边铝板
9 铝背栓挂件型材阳极氧化
10 50mmX50mmX4mm 镀锌角钢
11 80mmX50mmX5mm 镀锌方管
12 M8 不锈钢背栓
13 石材密封胶和泡沫棒
14 25mm 厚石材

10

10 系统横剖图一
11 系统横剖图二
12 系统局部立面图
13 栏杆竖剖节点图
14 立柱节点图

　　本系统的幕墙上灯光的设计，考虑放在外部石材和玻璃的接缝中，在幕墙的设计上，也充分利用了这一空间，通过设计模拟，确保万一玻璃破碎的情况下，更换玻璃不会影响到外部的石材，将玻璃的框料完全隐藏在外部石材后面，显示出"无框"的效果，让建筑效果更加完美（图10，图11）。

3. 全明框架式玻璃幕墙系统

　　该系统为横竖全明框架式玻璃幕墙，最大分格为1050mm×2700mm。玻璃小于 4.5m²，采用钢化双银 Low-E 镀膜夹胶中空玻璃。横竖向均为铝合金龙骨，采用 4mm 厚铝合金转接角铝通过 2-M6 不锈钢螺栓连接，同时考虑控制横梁扭转，在转接件上加设 ST4.8mm 不锈钢自攻螺钉。室外铝合金型材表面氟碳喷涂，室内铝合金型材表面粉末喷涂（可视部位）、阳极氧化（非可视部位）。铝合金竖向龙骨通过 8mm 厚热镀锌转接钢件及 14a 槽钢制转接件与主体预埋件可靠焊接连接，转接件与竖向铝合金龙骨采用 2-M12 不锈钢连接螺栓连接（图12）。

　　玻璃面板横、竖向采用通长铝合金压板固定，铝合金压板采用 M6 不锈钢螺栓 @300mm 固定，内外型材之间采用断桥隔热的形式，内外型材采用 M5 不锈钢螺钉 @300mm 可靠连接；竖向外部铝合金压盖距离外侧玻璃面 30mm。外压盖型材与玻璃相交处设有通长 EPDM 胶条和硅酮耐候密封胶。玻璃采用低辐射镀膜中空夹胶玻璃。整个系统满足节能的要求。

　　室内设有喷淋系统，梁的上下端采用双层 1.5mm 厚镀锌钢板承托 100mm 厚防火岩棉，满足防火封堵要求。

4. 玻璃栏板幕墙系统

　　该系统为室外女儿墙不锈钢玻璃栏板，面板 GL09：钢化夹胶玻璃和标准分格1050mm×900mm。面板通过钢质凹槽加中性硅酮结构密封胶连接。竖向龙骨采用 100mm 宽、12mm 厚钢板（钢板表面常温氟碳）。横向通长扶手采用 100mm 宽、15mm 厚钢质扶手（钢板表面常温氟碳）。竖向立柱两侧采用8mm 双条加强肋板。栏杆高度为建筑可踏面上 1.1m 高（图13，图14）。

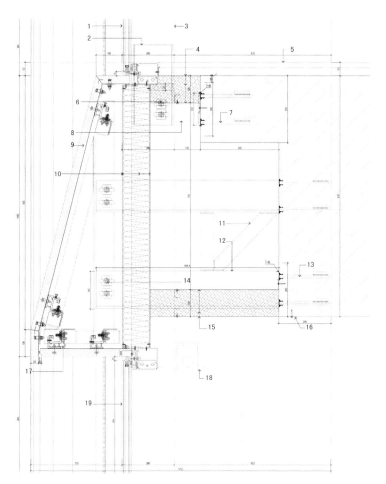

1 玻璃面板
2 铝合金插芯，L=300mm
3 铝合金竖向边框
4 1.5mm 厚镀锌钢板
  100mm 厚防火岩棉
  1.5mm 厚镀锌钢板
5 室内地面处理
  （非幕墙范围）
6 2-M12mm 不锈钢螺栓组件
7 预埋件 200mmX250mmX12mm
8 8mm 厚热镀锌转接件
9 25mm 厚石材
10 防水透气膜
  4mm 厚水泥纤维复合硅酸钙板
  100mm 厚保温岩棉
  4mm 厚水泥纤维复合硅酸钙板
11 50mmX50mmX5mm 镀锌方管
12 热镀锌转接件
  （14# 槽钢制）
13 预埋件 200mmX300mmX12mm
14 2-M12mm 不锈钢螺栓组件
15 1.5mm 厚镀锌钢板
  100mm 厚防火岩棉
  1.5mm 厚镀锌钢板
16 防火密封胶
17 φ3mm 不锈钢防坠绳
  （每块石材至少 2 条）
18 室内吊顶
  （非幕墙承包范围）
19 玻璃面板

11

1 玻璃栏杆系统
2 3mm 厚氟碳铝板
  防水透气膜
  40mmX40mmX4mm 热镀锌角钢
3 10mm 厚蜘蛛人挂点
  布置间距 ≤ 2.1m
4 墙面防水保温系统
  （非幕墙设计范围）

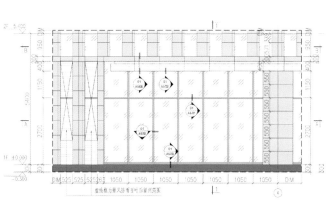

12

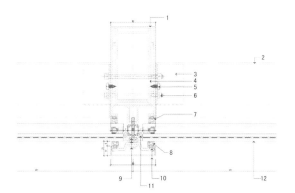

13

1 铝合金竖挺
2 铝合金横挺
3 4mm 厚铝合金转接件
4 铝合金插芯（通长）
5 ST6.3X13mm 不锈钢自攻钉
6 2-M6X100mm 不锈钢螺栓
7 EPDM 胶条
8 EPDM 胶条
9 M5X35mm 不锈钢螺钉 @300mm
  隔热垫板（通长）
  中性硅酮耐候密封胶（涂抹钉头）
10 铝合金内压盖（通长），铝合金竖向外压盖
11 中性硅酮耐候密封胶 & 泡沫棒
12 玻璃面板

14

工业建筑的产业特征与
建筑设计实践

INDUSTRIAL CHARACTERISTICS AND ARCHI-
TECTURAL DESIGN PRACTICE OF INDUSTRIAL
BUILDINGS

蔡少晖 陈扬扬 张小龙（中国海诚工程科技股份有限公司）

　　工业建筑一般是指为满足工业产品生产的需要而建设的生产用房、配套仓储用房、辅助性公用站房等建筑工程的统称。工业建筑的建设地点一般位于城市建设用地分类中的"工业用地"（代码 :M）范围内。

　　工业建筑于 18 世纪最先出现在工业革命发源地的英国，并随着工业化进程传播到世界各地。工业建筑的发展趋势，从其定义可窥一二，随着人类社会物质需求的提高、工业产品的日益丰富而得以发展，建筑日趋多类化。

　　工业建筑按不同的标准有多种分类。

　　按工业部门（产业）分类，在我国主要分为冶金工业、电力工业、煤炭和炼焦工业、石油工业、化学工业、机械工业、建筑材料工业、森林工业、食品工业、纺织、缝纫、制革工业等 12 个部门，随着社会的发展、人们需求的更新、材料和产品的迭代，未来会有更多新的工业部门出现，一些旧的工业部门也许会被取代。

　　按产品性质分类，可分轻工业和重工业两大类：轻工业主要提供生活消费品和制作的工业，简单说来就是"衣、食、住、行"的产品相关的工业；重工业主要指为国民经济各部门提供物质技术基础及主要生产资料的工业。

　　其他分类还有按主导因素分类、按工业投入分类等，不做赘述。

　　在工业建筑设计中，主导专业是工艺专业——生产工艺流程及生产设备的组织设计。工业建筑生产服务的工业产品不同，其工艺设计也不同；但是相同工业部门（产业）的工业建筑在生产工艺流程、产品生产条件及环境、辅助用房配套的设计中有一定的相似性，这就是工业建筑的"行业（产业）特征"。在建筑设计中对工业建筑的产业特征进行经验总结和提炼、掌握工业建筑的产业特征，可以尽快把握相同产业中工业建筑的设计重点，从而提高设计效率、提升设计质量。

一、工业建筑的产业特征及发展

如前所述，工业建筑的建筑设计与其生产工艺设计息息相关，不同产业的工业由于其工业产品的生产工艺的差别导致设计条件的信息输入差别，从而影响其工业建筑的设计特征。可以说，工业建筑的产业特征主要就是工业生产的工艺特征。随着现代工业的发展，技术条件日益发达、制造工艺和设施设备更新换代以及新材料的发展，工业生产正朝着高效、节能、环保的目标改进，工业建筑的内在环境及外部形象特征甚至呈现出一种趋同性：建筑体量随着设备占用空间的变小而占地面积相对变小，生产工艺向垂直方向整合，整体环境洁净化、形体简明化、外观现代化、材料及细部高品质化。

工业产业分类中，冶金工业、电力工业、煤炭和炼焦工业、石油工业、化学工业、机械工业、建筑材料工业、森林工业、食品工业、纺织、缝纫和制革工业12个常规部门关系相互交织，互相联系，和按其生产的工业产品不同又可以细分为多个工业分支。

机械工业为生产机械产品的工业部门。按其服务对象可分为工业设备、农业机械、交通运输等机械制造工业，并可按其生产的具体产品继续细分；机械工业的产品，作为其他产业的生产设备，影响工业建筑的设计条件。机械工业工艺从初期的粗放型正逐步向精密型、节能型、自动化、高效型方向发展。很多机加工企业改去往日油污、高噪、昏暗的形象，变得整洁、舒适、明亮。

食品工业是以农副产品为原料通过物理加工或利用酵母发酵的方法制造食品的工业生产部门。总分类包含食品、饮料和烟草等，食品又含粮食加工业、植物油加工业、糕点和糖果制造业、制糖业、屠宰及肉类加工等。随着社会物质生活条件的改善，新型食品层出不穷，传统的食品生产工艺和设备也随着改进和升级，原有的食品行业常见的气味、粉尘、污水等环境污染问题得到了妥善解决和减弱，也都逐渐被绿色环保、卫生洁净、舒适宜人的食品加工环境所取代。

一些新型工业随着技术的完善和科学的发展，从传统工业中蜕变出来，逐步得以发展壮大，成为产业新形态。例如化学工业，这是一个知识和资金密集型行业，从19世纪初开始形成，随着科学技术的创新发展，逐步发展为一个多行业、多品种的生产部门，出现了一大批综合利用资源和规模大型化的化工企业。化学工业的分支中，医药制造业也是创新迭出、蓬勃发展的行业。医药制造的前期研发过程及生产过程有极高的科学严谨性要求，对生产环境及条件的要求也非常高。近些年，生物制药得到长足发展，越来越多的生物制药产品走出实验室，开始规模化、产业化商业生产模式，逐步与化学制药并驾齐驱发展，成为一个成长壮大产业。生物制药与化学制药虽然在生产环境及条件尚有一定的相似，但是其生产工艺及设备却有更多的不同。

工业产业分支体系庞大，相同产业或是相近产业具有一定的特征相似性，但也不可一概而论。工业建筑的设计企业，在其有限的运营寿命当中，设计业务的范围尚不可能涵盖单一产业的所有分支产业，更不要说覆盖全工业体系。不同工业产业，有一定的工艺设计技术门槛和业绩准入标准，这也是在相当长一段历史时期里工业建筑设计领域没有一家独大、基本都是按产业部门分类而为的一个客观原因。

对于工业建筑设计来说，掌握工业建筑设计的一般性原则及方法、深耕行业现状，研究和发掘行业内的新型产业的工艺特性，利用专业知识和手段进行科学分析及探索，拥抱知识和技术爆炸的新时代，不断学习和总结，才能跟上时代步伐，与时共进。

二、工业建筑的功能组合设计

工业建筑功能主要为工业生产活动服务，工业生产的功能组织则由生产工艺流程决定，而工艺流程在通常情况下都是可以通过工艺模块组合来实现的。这意味着，工业建筑的功能设计完全可以通过模块化的科学分析来完成。

1. 工业建筑的基本功能模块

在工业建筑的规划设计中，大的建筑功能模块组合逻辑线为：原辅材料储存和处理功能→生产功能→生产质量控制及管理功能→内包装及外包装功能→半成品及成品储存功能；在主要功能模块中，会结合具体的使用要求和条件加入辅助功能小模块。

原辅材料储存和处理功能模块中，主要配套功能子模块包括：装卸货及管理功能、拆包及前处理功能（在一些影响人体健康及卫生要求的行业，如食品、药品产业中，会有清洗、杀菌消毒、干燥、研磨、混料等更多的复杂处理工艺程序）、内运输功能等。化工及医药、食品的原材料中会涉及易燃易爆的危险品及有毒物质，需要增加相应的安全管理功能。

生产功能模块中，根据具体的产品生产要求，不同的产业分类及产品分类会有不同的辅助功能及设备配套，这也是工业建筑的核心技术所在。如机械工业，会有切割、冲压成形、组件加工、喷涂、组装等功能及设备；食品工业会有挤压成型、烘焙等工艺设备设施；制药工业会有制粒、混料、压片成型等工艺。

生产质量控制及管理功能模块中，主要有监控、取样、质量实验室，以及辅助管理等功能。

包装功能模块中，有包装材料的前处理及准备功能、人工或自动化的包装功能等。根据具体产品的包装要求，有卫生和洁净要求的需要配套内外包装的灭菌处理功能。

半成品及成品储存功能模块中，功能相对简单，仓库及仓库管理、装卸货管理及司机休息等功能。但是根据产品的存储条件会有相应的辅助功能要求，有冷藏、冷冻温度要求的需要配备冷库及冷库辅助设备用房等。

除了主要的生产相关主要功能外，还有维持工业生产设备设施正常运转的动力能源及公用辅助配套功能；企业生产根据运营的需要及生产条件的规范要求，需要考虑工人及管理人员使用的生产配套、生活配套功能用房，如：更衣室及卫生用房、办公管理用房、资料用房、餐厅、厨房等生活配套设施功能等。

所有功能模块在工业建筑中不是独立并列存在的，模块的组合是一个科学、高效、逻辑的有机组合，各功能模块既有区分，同时又相辅相成。

2. 工业建筑的功能组合

由于工业建筑主要的服务对象为工业生产活动，工业建筑使用人群比较固定，所以建筑功能相对简单。功能组合的主要目的是高效、节能、科学合理；主要的生产相关功能更多地考虑人员流线、物流流线、公用管线的综合组织。

工业建筑常见的功能规划组合方式主要有并联式、串联式、放射式和组团式四种。

并联式功能组合指的是把整体功能划分为生产区功能块和其他生产辅助功能块两大并列区块；生产功能与辅助功能之间通过平行流线进行联系。这种方式常见于大体量且体量相近的生产车间和仓库的工业场景中。

串联式功能组合也叫"鱼骨式组合"，是指主要的功能块按照生产工艺逻辑主线进行依次排列，各功能块之间通过位于中央或一侧的联系通道串联起来。这种方式常见于制药行业等工业建筑中流线形态接近互不交叉的单向流。

放射式功能组合，也叫中心发散式组合，是指以主要的功能块为核心，四周围绕布置其他生产功能、辅助生产功能以及生活辅助配套功能的规划布置方式。核心功能块可以是生产中心，也可能是仓储中心，在一些耗能企业或者本身就是能源生产的工业场景里中心也可能就是动力能源中心；核心功能块的具体功能由生产工艺中的主体功能地位决定。

组团式功能组合，其实也是并列组合式的一种放大和综合。功能或者体量类似的功能体块，可以独立组团并列，各个组团有自身的组合逻辑。这种方式常见于大型的多种产品或工艺并存、各成体系的综合工业生产模式中。

工业建筑的功能组合并没有一个固定的模式，具体的组合方式是按照用地条件、工业设计条件、环境条件、管理条件等情况综合设计的结果。但是，工业生产本身就是工业产品生产规模化的活动，其产生和传播具备一定的选择性和科学逻辑性，是可依据、可复制的活动方式；所以，同一或近似行业（产业）工业建筑的功能组合，又具备一定的参考性。

3. 工业建筑的功能设计发展

随着社会和科技的发展，工业产品、生产工艺方式、生产设备、建筑材料等各方面的同步发展，都会对工业建筑的功能设计产生逐步甚至是彻底的改变。

研究发现，生产体制变革和产品更新换代频繁，工业建筑向大型化和微型化两极发展；同时在功能使用上普遍要求具备更大的灵活性和通用性，以利于企业和建筑本身的发展和改扩建，便于设备的运输、安装及升级改造。

未来的工业建筑，功能及建筑空间的发展应该要考虑更多科技革命带来的影响，需要适应各种新的理念冲击。

工业建筑的设计应该更适应建筑工业化和参数化的要求，以利于工业整体制造、减少人为因素的影响。工业建设需要适应生产工艺、产品运输自动化的要求，以及当前工业4.0及未来不断的工业升级的建设要求；工厂的自动化控制程度越来越高，这是不可回避的历史趋势。在科技发展及环保理念的推动下，工业产品有向精密性发展的趋势，这导致未来的工业产品生产有可能空间需要会更少、更多考虑土地集约化条件下建筑功能向空间发展的需要。工业生产条件的空间紧凑化、生产环境的便利化，也为工业生产产业集群提供了更多便利条件；也就是说，未来在一栋楼里有可能会集中布置同一产业链的所有产品生产工艺，或者是不同行业产品但是有关联的工业产品生产工艺，这是工业生产行业边界模糊化的趋势，这种趋势我们暂且冠以"工业的生态集群化"的名称。这同样会给工业建筑的功能设计带来革命性的改变。

三、高品质工业建筑的建筑设计实践

高品质工业建筑的普遍特点为全过程对设计、施工、管理、运营的高要求；项目中对实施过程的科学性、逻辑性、细节的严谨性、建筑材料品质有严格的控制。

在工业建筑领域，绝大部分项目在考虑高品质要求的同时，必须考虑项目"务实性"。归根到底，工业建筑是为生产工艺和产品服务的，应杜绝浪费和好高骛远。但工业建筑相对于民用建筑的高品质追求来讲，更具挑战性。从工业建筑的自源性特点来讲，工业建筑追求高品质的理念又更合理，毕竟工业生产本身是科学严谨的，项目设计及实施过程就是工业产品理念及企业操守的体现。

高品质的工业项目在实施过程中，需要项目全过程、全团队的高品质把控及合作。项目团队中包括懂技术、善沟通、讲道理、尊重人权的甲方专业团队及项目管理团队，专业技艺高、训练有素、有职业追求的专业设计团队，施工技术精湛、有职业道德操守、遵守团队合作规则的总承包施工团队，以项目品质为第一目标、服从管理、诚实可靠的材料供应商、分包商。

以某德资品牌汽车配件工厂项目为例，该公司是全球汽车行业的合作伙伴，是全球百大汽车零配件供应商、业内全球第四大家族企业供应商；世界上平均每三辆车就有一辆使用了该企业的产品。企业的成功，源自对产品的高品质追求。德国汽车精密技术高度发达，企业精神受全球同行敬仰；德资企业的建设项目对高品质及精细化设计及施工的追求更是居于工业建筑行业金字塔的塔尖。

该汽车配件厂搬迁扩产项目是该企业在国内投资的较大体量的项目，项目位于江苏太仓经济技术开发区。项目基地总面积12万 m^2，总建筑面积约8万 m^2。总体规划有主厂房、餐厅、公用站房、辅助用房、主（次）门卫、吸烟棚及非机动车棚等建（构）筑物。各建筑功能的布置均在充分分析厂区的物流和人流流线科学、有机、节能的逻辑后确定。

1. 设计目标与整体化设计

设计目标为在设计中很好地体现了德国标准、精细设计，绿色低碳，采用各类实用新型技术，成为当地及同类型企业的标杆项目。对环境的承诺也是此项目的原则。

项目整体目标是打造一个低碳、节能、环保的工业建筑集群。整个项目一次规划、分期实施，建筑设计注重工业建筑的性格，充分表达现代、先进工业建筑的构造精美与理性。建筑单体简洁大方，平面布局和立面设计都注重模数，精细化设计的理念贯穿设计全程。总体造型充分体现时代性和功能特点，整体采用横向波纹金属装饰板及金属百叶，利用板与板之间的拼缝强调建筑线条，体现了精致的工业感。钢结构凸显了这个建筑是以工业为主体的特征。除此以外，立面上还注重色彩的

1 鸟瞰
2 主厂房建成实景
3 餐厅建成实景
4 项目实景
5 钢板外墙实景
6 彩钢板外墙节点及标段划分

处理，主体色调以金属的灰白色墙面为主，同时局部用浅灰色为点缀，整体素雅但又不乏活力；立面设计注重细部的雕琢，外墙竖向分割线条，包括局部特殊细部处理进一步刻画了形体舒展又不失精细的立面形象。结构设计注重统一，结构构件尽量一致，便于采购及施工（图1～图3）。

设计中，各专业设计均采用了先进的技术与理念。建筑外墙采用箱型无檩系统，整体工业化定制；主要建筑材料均采用节能环保的材料，设计时注重节点处理，确保外围护结构没有冷桥；机电设计考虑整体节能环保，如空调箱余热回收、乙二醇盘管热回收、空压机热回收、蒸汽凝结水余热回收等。

项目的设计、施工管理、运营均采用 BIM 建模技术进行碰撞检查、施工模拟、运营维修管理等，整体化设计及控制程度高。

2. 建筑细部设计

建筑细部设计是本项目的设计重点，因为只有足够细致的节点设计才能让工程更精细、周到，让每一个构件都更好地体现设计师的要求。因此每一个建筑细部的材料、构造、颜色以及和其他专业的匹配、衔接都是本项目建筑设计的考虑范畴。

本项目的主体外墙为彩钢板外墙及铝板外墙，彩钢板外墙系统采用的是箱型檩条外加竖向压型钢板的构造方式；铝板外墙系统采用的是敞口式纯平铝板及横向波纹铝系统（图4，图5）。为了确保外墙性能及其精确性和美观性，在外墙构造细部节点中，设计师表达了固定钢板的每一个螺栓的位置、间距，箱型檩条之间的薄薄的隔热垫片，以及外侧波纹铝板之间的 T 形分隔钢板和波浪形泡沫密封垫块、转角处钢板的收头构件、外墙与主体结构的连接构件等。所有构件的外涂方式、颜色色号也都详细交待。建筑和结构密不可分，图纸中准确表达每一个必要的结构构件，真正做到了结构图中有建筑，建筑图中有结构。同时，构造的合理性、施工的可实施性让每一个细部节点往往都不是一挥而就的，需要多次商讨后形成。尽管已经完成了如此细致的设计图纸，为了达到良好的现场效果，施工过程中设计师与承包商不断沟通、磋商，以期达到更加满意的实际效果。通过这样精益求精的细部设计（图6），最终的建成效果较为令人满意。

如前所述，该项目的细部设计可以对建筑节点精细控制，同时这样的细部节点可以很好地应对其施工招投标管理的体制。该项目的招标标段划分很细，以太仓项目为例，一个项目划分

了 7 个标段，分别是：土建总包、机电安装包、装修包、外围护及幕墙工程包、室外总体工程包、防水包、业主工作包。这 7 个标段由 7 家承包商来完成。这样的划分，必然出现工作界面的交叉问题，如何明确定义各个承包商的工作范围？设计图纸、文件和工程量清单就成了重要的依据。从标段的划分不难看出，建筑专业涉及的标段数量最多，建筑图中要表达的和其他专业的界面也最多，因此，建筑细部设计凸显其重要性（图 7）。

屋面天窗属于外立面承包商的工作范围，但是由于它在屋面，同时需要与结构构件固定，除了外立面承包商以外，还牵涉屋面防水承包商和土建承包商，一个天窗将由三个承包商协同完成。对每个承包商，每一块盖板和每一个螺栓都将是他们所关注的细节。为此，设计中不断完善节点，以防有任何遗漏；再从施工的角度、从各家承包商施工的先后顺序，与业主和投标单位不断澄清，最终形成了节点图（图 8）。

管道出屋面的节点就涉及了土建、防水、机电标段的协调与配合。如机电穿外墙管道及开孔，如何考虑与外立面的衔

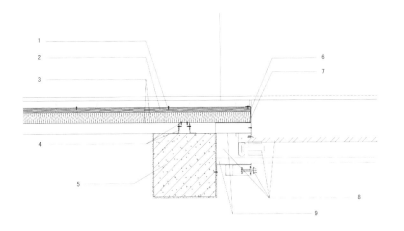

1 0.6mm 厚镀铝锌压型钢板，竖向安装，氟碳涂层
2 箱型檩条外侧 50mm 厚玻璃棉（16kg/m³），带防水透气贴面
3 7200mmx600mmx145mmx1.2mm 箱型檩条，内填 80mm 厚岩棉（带双面防潮膜），用专用钉固定，岩棉密度为 80kg/m³，箱型檩条双面纳米强化聚酯涂层，白色（RAL 9016）
4 镀锌竖向水平调节钢构件与柱连接
5 结构钢筋混凝土柱
6 洞口收边附加檩条
7 1 厚压型钢板门洞包边处理
8 组合式工业外门（分节提升门 +PVC 快速卷帘）及相关包边附件
9 门洞周边附设门框柱与横梁，高度与尺寸详专业供应商要求及结构设计

各阶段工作范围：
1 土建总包
2 机电安装包
3 装修包
4 外围护及幕墙工程包
5 室外总体工程包
6 防水包
7 业主工作包

1 1.5mm厚抗紫外线型PVC合成高分子防水卷材，满粘固定，根据需要涂下部基层处理剂
　40mm厚C20细石混凝土保护层（内配φ6@100）（切温度缝7.2mX7.2m）
　铺贴100mm厚挤塑板（XPS）保温层（与基层机械固定要求以专业技术标准为准）
　0.6mm厚SBS防水隔汽膜
　钢筋混凝土不上人屋面（结构找坡3%）
2 80mm厚硬质岩棉板保温层（ρ=180kg/m³），专用锚钉固定，底部与屋面保温延续
　岩棉板外侧抹刷6mm厚聚合物抗裂胶浆，压入耐碱玻纤网格布一层
3 2层3mm厚SBS改性沥青防水卷材，与屋面顶面混凝土保护层交接处用沥青胶封缝
4 钢筋混凝土梁、板
5 轻钢龙骨矿棉板吊顶（C3），平面布置详吊顶图
6 轻钢龙骨普通石膏板吊顶（C6），平面布置详吊顶图
7 石膏板窗帘盒及窗帘
8 混凝土柱
9 混凝土柱表面涂料饰面
10 人造石窗台面
11 内墙粉刷及涂料、踢脚板，材质及使用范围详构造表和装修表
12 80mm厚混凝土垫层及楼面面层，材质及使用范围详构造一览表和装修表
13 地坪面层，材质及使用范围详构造一览表和装修表
14 蒸压砂蒸压砂加气混凝土砌块矮墙及钢筋混凝土压顶，高800mm
15 地坪面层以下的钢筋混凝土地坪、垫层及防潮层等，各构造层详构造一览表
16 基础墙顶部设钢筋混凝土压顶梁（兼防水层），高150mm
17 基础墙
18 女儿墙顶泛水铝盖板，RAL7016
19 银灰色纯平单层铝板外墙系统（外墙四），（RAL 9006）
20 蒸压砂加气混凝土砌块充填墙
21 电动百叶与罩壳
22 铝合金格栅遮阳装饰雨蓬（专业供应商深化），氟碳喷涂，（RAL 9006）
23 外窗与四周结构连接收边主要包括：镀锌钢框框，EPDM防水透气层，外收边板等；
　1mm厚压型钢板收边，内填40mm厚岩棉保温层
24 百叶导向钢丝
25 断热铝合金中空钢化玻璃窗（整窗K≤2.2W/m·k,）
26 百叶底轨

27 钢丝固定支架
28 5mm厚铝板室外窗台泛水盖板
29 银灰色横向波纹铝板外墙系统（外墙三）
30 蒸压砂加气混凝土砌块墙及钢筋混凝土压顶
31 蒸压砂加气混凝土砌块充填墙
32 电动百叶及罩壳
33 1mm厚压型钢板收边
34 岩棉薄抹灰外墙外保温系统（外墙二），墙体外保温延续至窗台
35 外墙防水腻子及涂料往下延续至散水沟垫层以下 36 黑色卵石散水及垫层
37 种植土壤及绿化
38 花岗岩侧石，通长
39 80mm厚改性XPS保温板（燃烧性能B1级），专用钉固定,1m高，其余同
　（随基础墙砌筑铺贴）

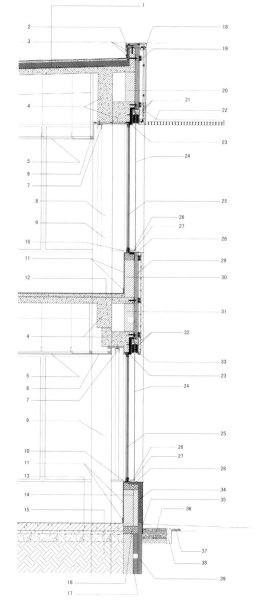

7 墙身剖面
8 天窗节点
9 屋面节点
10 建筑外立面不同材料交接部位细部实景图

接、如何连通室外却又确保防水、防沙等是节点设计要考虑的。有了节点设计，然后再判断节点设计中构造与材料的不同承包商的工作范围，最后在节点信息中划定和标注各个标段信息，节点详图的设计才得以完成（图9）。

正是这样一个个建筑节点的设计成就了本项目的精致细部，充分表达了工业建筑的精美感，设计效果获得了一致好评（图10）。

3. 灵活性和通用性设计

本项目另一个显著的特点就是处处注意设计的灵活性和通用性。这为该公司内部建筑识别和工程维护的一致性提供了极大的便利。各个建筑单体在设计时也做到主要构造方式一致、主要建筑构件规格一致，无论外部还是内部都尽可能做到模数化设计，这为外部立面划分的规整性、内部空间划分的灵活性提供了良好的基础。在使用中，只要遵循建筑的模数逻辑，随时移动隔墙都不影响地坪、吊顶、外窗的对位关系，保证了建筑寿命期内始终如一的完整性，这与该公司理性的风格完全一致（图11）。

工业建筑是工艺的载体，其本身就是相对理性的。因此，模数化设计从某种程度而言不失为一种方法，它让工业建筑的生长有规律可循，也让工业建筑的变化有理性的依据。将理性

7

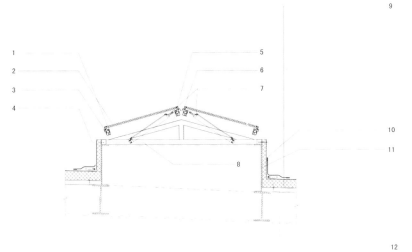

1 排烟天窗窗体
2 25mm 厚阳光板
3 不锈钢合页
4 1mm 厚泛水铜板
5 镀锌方管
6 0.65mm 厚泛水钢板
7 开启执行机构
8 镀锌方钢框架
9 彩钢板卷材防水不上人屋面（i=3%）：屋面 1.5mm 厚
抗紫外线型 PVC 合成高分子防水卷材，机械固定，上
层 50mm 厚 180kg/m³ 岩棉板保温层，下层 50mm 厚
140kg/m³ 岩棉板保温层 PE 防潮膜（0.3mm 厚）
1.5mm 厚抗紫外线型 PVC 合成高分子防水卷材上翻包覆
10 附加檩条作为天窗开洞边框
11 0.8mm 厚镀铅锌屋面压型钢板（镀铅锌量 150g/㎡），
12 白色聚酮涂层

8

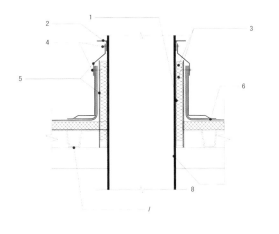

1 内外四周封镀锌钢板 0.85mm
2 角钢
3 5mm 镀锌方钢框架
4 铆固件
5 镀锌钢板 0.65mm
6 屋面 R1
7 钢屋面板
8 管道

9

10

美赋予工业建筑，可以让人们感受到其内部功能的理性，人们对于建筑有了信赖，自然会对其中包含的工艺产生信任感。模数化设计原则不仅体现在建筑柱网的排布，同时还表现在建筑外墙、外窗、内部隔墙、吊顶、墙砖、地砖，以及管道支吊架、景观等各个方面。模数化设计建筑充满了秩序感，所有建筑都在一个无形的模数化的网格中发展，让整个平面、整个形体显得更为理性、有机。相对民用建筑的设计，工业建筑通常以工艺需求为先，创意的可能性小很多。本项目采用 600mm 为最小模数单元，柱网采用 7.2m 为基本模数。模数化设计让设计体现了工业建筑设计的理性与精致。

通用性设计建立在模数化设计基础之上，便于使用方今后的调整，以不变应万变。工艺的变化、人员的调整、格局的

更新是现代工厂根据最新市场需求会随时出现的问题，因此，随时改动建筑隔间、调整管道线路也不足为奇。为了最大程度减小今后的改动对建筑外观和内部质量的影响，确保建筑品质始终如一而非随着时间的推移变得支离破碎，设计时时处处注意通用性和灵活性的运用，以期实现这样的目标。

设计中注意所有的外窗分隔、外窗窗框的位置和杆子的关系要固定，这样就能保证室内外的视觉效果，也保证了可开启扇的使用。其实，不单单是外窗和柱子的关系，设计中同时需要兼顾隔墙、吊顶与它们之间的对位关系。因为本项目所有单体的柱距都是 7.2m 的模数（600mm 的倍数），吊顶尺寸都是 600mm×600mm，它们之间很容易达到对位关系，接下去要考虑的就是隔墙的位置，隔墙一定要在吊顶分隔线上，同

11

11 建筑外立面、门窗、幕墙的模数对位逻辑示意实景
12 办公平面吊顶、隔墙、柱网、外窗对位图建筑外立面
13 卫生间地砖、面砖、门窗、洁具设备模数对位图
14 生产区屋面设备、结构构件、管道的模数布置实景

时和窗框在一条线。这样的设计保证了隔墙的移动不会影响室内外的美观和基本逻辑。而且，在吊顶设计时机电专业也会兼顾这一灵活性的运用，在灯具、风口等的排布上会考虑通用性，以便于今后隔墙位置调整，尽量减少对吊顶的影响（图12）。

墙和顶的设计注意了通用性的原则，地面其实也不例外。办公室的地坪局部采用架空地坪，这样便于穿线，为整体的通用性设计也提供了方便；地砖／面砖的基本规格为 150mm×150mm 及 300mm×300mm，使用地砖的房间尺寸也符合 600mm 模数倍数关系，模数的倍数匹配让地砖在铺砌时最大程度减少了由于房间不规则尺寸导致的切割浪费。卫生间内所有的洁具及设备安装亦遵循与面砖分隔线的对线、居中、均衡原则，无处不体现规则与匠心（图13）。

对于工业建筑，内部的管道布置是车间设计的关键因素之一。设计需要兼顾美观且便于随时跟着工艺流程调整。因为建筑柱网的模数化布置，檩条间距亦为模数，这样一来，就可以考虑屋面的管架也等距布置，且考虑足够的荷载。从长久而言，这样的设计尽可能让管道的布置规整化，也为今后随时增减管道提供了载体。从实际建成的效果来看，也确实非常整洁美观（图14）。

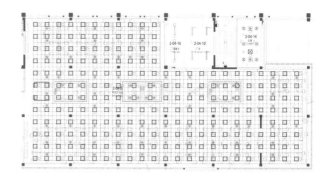

12

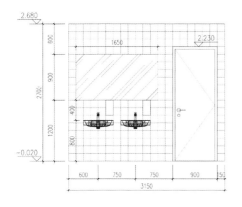

13

14

工业建筑之物流建筑
—— 农产品交易中心在城市运行中的作用及其升级改造

LOGISTICS ARCHITECTURE OF INDUSTRIAL ARCHITECTURE — THE ROLE OF AGRICULTURAL PRODUCTS TRADING CENTER IN URBAN OPERATION AND ITS UPGRADING

颜骅 孙峰 陈烨 沈亮 夏晶庆
(华东建筑设计研究院有限公司华东都市建筑设计研究总院)

一、物流建筑与工业建筑的归属与区别

物流建筑是一个比较新的"跨界"建筑类型，其定义和类型究竟归属在哪个门类？大多数业内人士往往也不清楚。在我们的日常设计中，各种物流建筑经常被要求归入公共建筑里来讨论或填表，当中又常常遇到各种矛盾。不妨先把相关定义作一个梳理，并作进一步区分。

1. 定义梳理

民用建筑：供人们居住和进行公共活动的建筑的总称。

公共建筑：供人们进行各种公共活动的建筑。[1]

工业建筑：从事工业生产和为生产服务的建筑物的总称。[2]

物流建筑：进行物品收发、储存、装卸、搬运、分拣、物流加工等物流活动的建筑。[3]

由上可见，物流建筑不属于民用建筑或公共建筑，完全符合工业建筑中"为生产服务的建筑物"的属性。

2. 物流建筑与生产型工业建筑的区别

工业建筑：从原料—生产—产品整个过程的空间承载，进去的是原料，在生产工艺的作用下，出来的是产品。

物流建筑：从货品到货品存储和运输的空间承载，进去的是货品，经过分流、包装、重组等作业，出来的还是货品，但组合或表观变了。

3. 物流建筑与"仓库"的关系

仓库建筑：更多考虑长期贮存货品，以备不时之需，较少考虑货品的流通，基本不考虑货品的增值。此类建筑一般表现得相对"静态"，在计划经济时代较为普遍。而在当前一般出现在各种物资储备、应急保障领域。

物流建筑：市场经济时代，物流建筑主要满足货品流通，货主在促进流通与增值的过程中获利；货品在物流建筑内外的各种作业处理表现得相对"动态"，储存时间不长。

4. 交易型物流建筑

交易型物流建筑为大宗货物的公共交易环节提供现场展示、储存、转运、配送、加工、结算等功能的建筑。[4]

本文主要讨论的农产品交易中心，是最常见的交易型物流建筑，有时也称"农产品批发市场"或"农副产品物流中心"等，业态以批发为主，是城市中心"农贸市场"、餐饮企业、零售菜店的货源上游。与面向居民零售的"农贸市场"有本质的区别。

此外也有"产地农产品市场"、专一类农产品市场（如水果批发市场、水产批发市场等）、中转地市场等。

二、农产品交易中心的定义和功能

综合农产品交易中心的经营范围一般涵盖蔬菜、水果、肉类、水产、粮油、干货、南北货，也包括一部分加工好的副食品和食品，一般可以解决一座城市 70% 左右的农副产品供应量，普遍都是占地成百上千亩的物流园区。综合农产品交易中心还具备与上游供应基地的品种调拨、价格采集调控的功能，因此是城市日常食材的保障供应基地。

农产品从种植基地前往销售城市，必由大型运输车辆装载才能降低成本、能耗和包装污染，平均载重 25 吨，长 17 ～ 25m，不可能直接到达城市中心卸载。一般大中城市均在市郊接合部设不同规模的农产品交易中心（或称批发市场）来解决检验检疫、分流、转运，进口货品还需办理海关通关相关手续。同时货品经供与购双方筛选、议价、结算后，方才进行下一级分流运输，最终前往零售终端。为什么要在销售地市

场进行检疫？因为农产品大多为"活物"，很多内陆运输需要 3 天左右时间，进口产品走海路需要 15 天或更长。到场后的检测方能显示"时效"。

当前新型农产品交易中心，还具备信息共享、海关手续办理、冷链保障、细分、精加工和包装等设施，可以做到资源最优、最集约化。大型超市供应体系、生鲜电商体系，出于成本、能耗、环保、检验检疫等社会资源等方面原因，宜与综合农产品交易中心形成互补与合作模式。一些受电商启发的提法，即由"农田—厨房"一站式供应的模式，以及由无人机送货的等设想，在食品安全检测、环保包装和经济性等方面还不具有可操作性。

三、国内外农产品交易中心经典案例

十多年来，笔者有幸与行业资深人士就前述问题进行了深入的研讨，并对国际上十多个著名的农产品交易型物流园区进行了详细的实地调研，基本情况如下。

1. 法国巴黎翰吉斯国际市场

法国翰吉斯国际市场（Rungis Internationalmarket）是全球交易量最大且最著名的农产品物流园区之一，距巴黎市中心 7km，占地面积 232hm²，供应人口 1800 万，供应范围主要覆盖巴黎大区（占总交易量的 65%），供应西欧其他地区及出口则占总交易量的 35%。

园区临近机场，高速公路和铁路直达其内部，投资与管理方由国家、产权投资集团、地方政府、国有银行及社会资本共同组成，于 1969 年开业。交易品种有果蔬、肉类、水产、乳制品和熟食、花卉五大领域，驻场企业 1200 家，从业人员近 1.2 万人，总营业额达 77.67 亿欧元（2008 年）。市场拥有金融、检疫、卫生、车辆服务和 18 个员工餐厅。

翰吉斯国际市场的封闭式管理、流畅的交通、先进便捷的检测检疫设施、对地下空间利用和严格卫生保鲜标准是其特点。其在绿色环保、可持续发展方面也领先于世界同行。市场内建有一座大型供热厂，取材于市场每天产生的大量废弃包装物，如回收来的薄木片、纸箱等，其产生的热量作为市场本身的采暖以外，还向外供应到奥利机场等（图 1—图 3）。

1 法国翰吉斯国际市场航拍总平面
2 翰吉斯国际市场总体鸟瞰
3 翰吉斯国际市场海产品交易大厅
4 巴塞罗那农产品批发市场蔬菜交易大厅
5 巴塞罗那农产品批发市场鸟瞰照片
6 荷兰爱士曼鲜花拍卖市场物流大厅
7 鲜花拍卖大厅
8 筑地市场鸟瞰
9 悉尼市场主入口
10 悉尼市场白天的零售交易

2. 西班牙巴塞罗那农产品批发市场

巴塞罗那农产品批发市场（Mercabarna）成立于1967年，是欧洲南部最有影响力的大型农产品物流园区，占地面积90hm²，供应人口1000万。市场由巴塞罗那批发市场以及大量从事生鲜和冷鲜农副产品生产、销售、配送、进出口的企业共同建立。驻场企业700家，日常工作人员共计2.5万人。其供应范围覆盖西班牙全境、法国南部和意大利北部。市场本部由水果和蔬菜交易中心、水产交易中心、屠宰和肉类中心、餐饮加工部、物流配送区及辅助用房构成。巴塞罗那农产品批发市场也是采用"供购通道分离"模式的典型代表（图4，图5）。

3. 荷兰爱士曼鲜花拍卖市场

举世闻名的荷兰爱士曼鲜花拍卖市场距离阿姆斯特丹大约1个半小时车程，园区的发展经历了100多年历史，占地面积相当于125个足球场，主要由产品质量检验处、恒温库、存放库、拍卖厅、发货厅等空间构成。

由于物流量巨大，为了把鉴证品质、现场定价结合在一起，每天凌晨鲜花在专用的拍卖大厅通过电子信息显示公开进行每笔交易，而一旦完成每笔交易，则包装、运载、通关、检疫一气呵成。全年有来自世界各地的35亿朵鲜花、3.7亿个盆栽鲜花在这里拍卖与交易。这一快速高效的拍卖系统此后被我国昆明的鲜花市场、澳大利亚的海产品市场等效仿（图6，图7）。

4. 日本东京都筑地中心市场

沿东京内海而建的筑地中心市场，建于1935年，是全球最大最著名的的海产品交易市场，其拍卖的各种鱼类价格为全球水产行业价格标杆。市场中海产品交易量占其总量的三分之二，根据数据显示，该市场每日海鲜交易约为2167吨，蔬果1170吨，交易金额约为海鲜17.68亿日元，蔬果3.2亿日元。全球最大的金枪鱼拍卖大厅是筑地中心市场的特色之一，物流过程完全在−60℃环境下进行。随着城市和市场业务发展需要，筑地市场于2018年秋季关闭，其业务转迁到东京湾新建的丰州市场（图8）。

5. 澳大利亚悉尼市场

悉尼市场（Sydneymarkets）是澳大利亚最大的市场之一，1975年主交易区搬迁至悉尼市费莱明顿（Flemington）地区，距离市中心半小时路程。市场占地面积43hm²，供应人口约500万，该市场的特色是晚间进行批发交易，一部分货品发往市场外，另有一部分鲜货直接批发到相邻的零售菜市大厅；白天批发区关闭，零售菜市大厅开市，吸引了大量市民。两个时段的交易相互促进、互补，相得益彰（图9，图10）。

6. 美国纽约杭波特 Hunts Point 农产品集散中心

杭波特 Hunts Point 农产品集散中心总规模690英亩（约

11

12

11 hunts point 市场
12 hunts point 市场鸟瞰
13 葡萄牙里斯本 MARL 市场航拍总平面
14 葡萄牙里斯本 MARL 市场通用型交易大厅
15 上海西郊国际农产品交易中心全景

2.8k），其中交易区占 329 英亩（约 1.3km²）。其所在的布鲁克斯区是纽约市五大区之一，铁路进入交易型物流园区和大量集装箱的使用是园区物流的一大特色。通过成功整合周边资源，杭波特 Hunts Point 合作市场已经发展成为纽约世界性贸易的重要载体之一，成为世界上最大的食品供应基地之一（图11，图 12）。

7. 葡萄牙里斯本地区批发市场

里斯本地区批发市场（MARL）建成于 2000 年 7 月，占地面积 100hm²，供应人口 370 万。主要投资方为各批发商（占 88.87% 股份）和里斯本市政府（占 9.90% 股份）。主要经营品种有水果、花卉、肉类、乳制品、海产品等。其建设参考了相邻欧洲国家中多个既有市场的历史经验和教训，是欧洲新生代市场的代表。市场的用地划拨和建设工程采用一次规划分期建成的模式，园区内道路网格和功能分区在初期规划中一次定型。市场拥有 900 个供大中型货车使用的停车位、一个次级变电站、一个 1 万 m³ 的储水池、一个独立的对外信息光纤网络、一个内部技术管理的网络，一套为批发商运营配套

的服务设施、冷库、常温库以及各处分布着的酒吧和餐馆（图13—图 14）。

除了上述介绍的七个园区以外，国外著名的农产品交易园区还有：日本东京大田农产品批发市场、韩国首尔可乐洞农产品批发市场、澳大利亚悉尼鱼市场、澳大利亚布里斯班市场、伦敦比林斯盖特海鲜市场、美国马里兰食品中心等。与我国老旧的同类物流园区采用"原进原出"的流线对比，它们有一个共同的特点，都采用了"供购流线分离"的模式，体现出物流交通上的优越性。

四、上海西郊国际农产品交易中心规划与建设概况

2004 年初，在上海市委、市政府的关心支持下，市农委开始筹划建设上海西郊国际农产品交易中心（后文简称交易中心）。本项目于 2006 年通过控制性详细规划。交易中心地处上海市青浦区华新镇，位于华东地区、长三角经济圈中心地带。具有与外省市直接对接的区位和交通优势（图 15）。

交易中心规划总建筑面积约 45 万 m²。批发交易区由蔬菜、果品、肉类、水产、冰鲜制品等专业市场组成，另设加工配送

13

14

区、仓储区和冷库区，总建筑面积 40 万 m²。提供工商、税务、海关、商检、公安等政府行政执法机构的一站式集中服务以及银行、保险、邮政、快递、进出口代理、物流等社会服务机构的一整套专业服务。项目建设于 2010 年完工投入运营。

　　该项目的设计努力体现出以人为中心，以社会效益、经济效益与环境效益三者统一为基准点，着意建设安全、高效、可持续发展的公共物流交易场所。因此设计过程中从国外一些先进而成熟的市场吸取建设与管理的有益经验，主要体现在以下四个方面。

1. 封闭型园区管理

　　整个园区实行全品种经营，封闭式管理。其优点有：

　　（1）便于形成内部独立、有组织的交通体系；

　　（2）便于通过节点管理来控制食品安全，避免监管漏洞，为实现场外检疫提供了可能；

　　（3）园区各种需求动态变化中，封闭式的管理模式让园区内部的空间服从统一的管理，场地、建筑内部等资源可以盘活，在自由调度上具有高度灵活性。

2. 流畅的交通

　　整个园区采用"供购分离"的交易流线。按供、购货车不同的流线和尺度，设置不同宽度的通道和卸货带，交易饱和状态下交通、物流和交易等作业保持流畅高效（图16，图17）。

3. 食品安全

　　在上面两条的硬件条件下，为食品安全保证提供了硬件

15

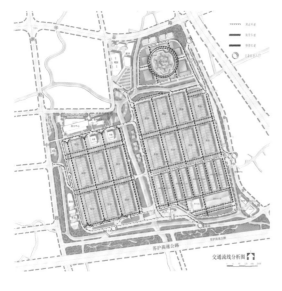

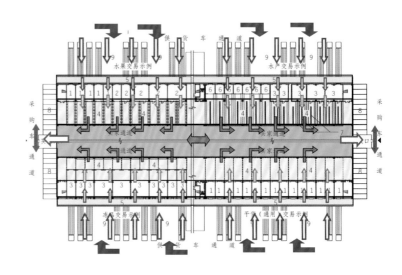

16

17

基础。交易中心设立的高标准的检验检疫实验室和政策优势，是供应链上食品安全保障的关键。同时，所有肉类酮体交易，全程在挂钩系统下运行，卫生又快捷。

4. 可变性

在我国的农产品物流交易模式发展过程中，存在很多不确定的变化因素。为了避免经常的大规模翻建改造产生物资的浪费以及改造工作对运营中的市场带来的干扰，本项目设计不论是规划布局还是单体设计，均以不确定性、逐步演进、模数化、可变性作为设计的出发点，提供可以发展、变化的空间。同时，模数化的单体结合封闭式园区管理，可以应对季节变化、商户变更、交易品种变化带来的运营空间需求（图 18）。

五、新形势下的升级改造趋势与案例中关键性的新技术

1. 东京都中央批发市场丰州市场

2018 年 10 月，繁盛了 80 余年的筑地市场迁移至丰州市场并重新开业。项目建设在一块 40hm² 的填海地块上，总投资额高达 6000 亿日元，车辆通过高架道路和桥梁跨海到达。一改筑地市场的单层建筑模式，新一代的丰州市场的交易建筑采用了最高达五层楼面的设计。货车坡道可以直达负责物流运输的一层和二层。建设方在展望未来的同时，为了能更好地接受并应对将来的各种变化，预留足够的层高、面积和基础设施（图 19—图 22）。

丰州市场采用封闭式运营管理，并引入 HACCP 认证[5] 理念，根据商品特性针对各区域分别进行温度管理，其中水产批发市场和水产中介批发市场采用高规格的三重区划（隔热卷帘门、快速卷帘门、隔断气流的组合）进行空间防热，还设置了入场管理室，以供进入卖场时进行洗手、手指消毒、鞋底消毒。针对参观者的到访，特设了参观通道和宣传区，通过展示实际使用的三轮搬运车等，力求打造让参观者能了解丰州市场功能和魅力并乐在其中的环境。在金枪鱼拍卖处还专门设置了参观区，参观者透过玻璃可亲身感受鱼市的气味和拍卖现场的氛围（图 23—图 25）。

水产中介批发楼顶的绿化广场对外开放，与环绕丰州地区的丰州 GURURI 公园连为一体（图 26）。作为核心市场的丰州市场为保障食材的安全、安心，引入了高度的品质、卫生管理和高效的物流、环境管理等新机能，同时也为带动该地区的活力和人气贡献了一份力量（图 26）。

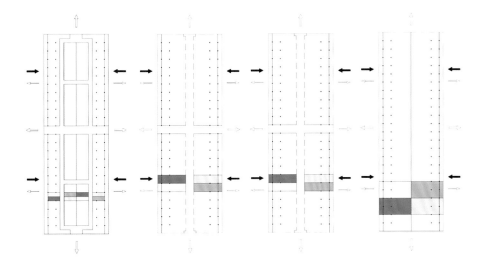

18

19

20

21

22

2. 上海西郊国际改扩建一期工程

在上海西郊国际农产品交易中心在运营 10 年时间后，原有铺位数量趋于紧张，同时面临上海江桥市场搬迁并入的需求。在区域控制性详细规划作出变更后，总建筑面积 14 万 m²，地下 1 层、地上 4 层的上海西郊国际农产品交易中心改扩建一期工程，于 2017 开始施工图设计并于当年年底开工建设（图 27—图 29）。

这一全新设计的综合性农产品物流建筑集农产品分流转运、交易、冷链加工、配送等主要功能，其设计尤其体现出以下技术特色：

1）采用剪刀式汽车坡道的多层物流建筑

在有限用地中向多层建筑发展是国内中心城市同类建筑布局的大趋势，在本项目之前，多层交易型物流建筑已在深圳、南京和西安等地进行了尝试。本项目地上设有 4 层，地下设有 1 层，共同负担上海市浦西大约 50% ~ 60% 的蔬菜交易量。

为尽可能节地，腾出尽可能多的空间供交易和配送加工使用，设计师果断采用了首创的剪刀式坡道系统，拥有 2 组宽大的双向车道。除首层供大型、超大型货车停放卸货外，中型、小型货车可以通过这套高效便捷的坡道系统到达其他上下 4 个楼面（图 30）。

2）冷链物流中心在农产品交易中心的集合代表

根据业主方的任务要求，大楼的二、三层平面全部布置了业内的冷链加工配送功能，交易中心本身拥有的大量货源以及配套的海关、检验检疫与信息配套功能，吸引了上海市业内大量主流冷链配送加工企业入驻。

3）特别加强的自然通风

本工程的地下一层面积超过 3.1 万 m²，大部分为蔬菜分流转运作业的功能。巨量的生鲜"活物"在地下室仍保持着"呼吸"状态，且与大量机动车在一起，气味混杂。为吸取以往其他类似建筑地下室"气味熏天"的教训，本工程设计和建造中，

23 丰州市场交易大厅
24 丰州市场底层装卸平台
25 丰州市场金枪鱼拍卖参观通道
26 丰州市场屋顶绿化
27 上海西郊国际改扩建鸟瞰图
28 上海西郊国际改扩建施工中照片
29 上海西郊国际改扩建园区入口侧效果图

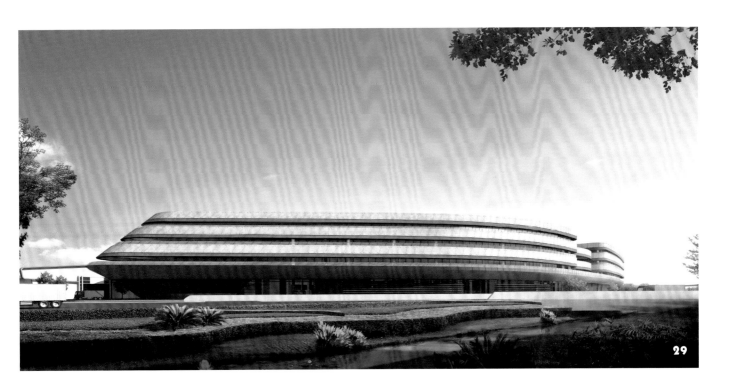

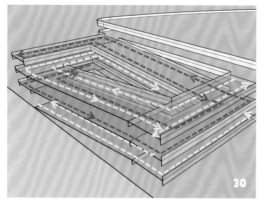

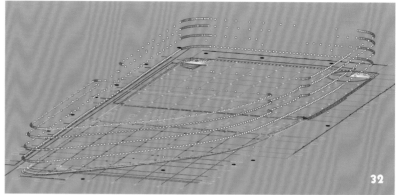

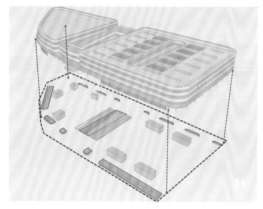

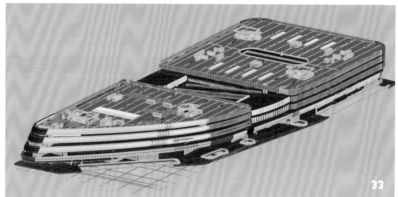

把良好的地下通风作为一个必须到达的目标。采取的重要措施：一是在建筑中部设置下沉式广场；二是在地下室顶板四周开启大量自然通风口，辅以机械导风装置。设计师同时也希望这些特殊设计能大幅度提高地下室的新风量，降低呼吸道疾病传播的概率（图31）。

4）数字技术与建筑工业化、装配化的完美融合

建筑形体依据基地地形而来，由于靠近园区入口处的地形为三角形，且建筑平面功能需要逐层递减，恰好形成一个类似"巨轮"的外观形象。建筑采用装配式 PC 装饰挂板，通过7大类造型、总共1432件预制混凝土板来实现"船体"造型，其中船头部分，大量的板块为"双曲扭面"。

建筑外表皮采用35～40mm厚 PC 混凝土预制装饰板，通过特殊的热浸锌钢材加工件与主体钢结构实现连接；每块 PC 装饰板上均布置了6个直径75mm装饰圆孔以在外观上给人更加立体的感官效果。

要完成上述构型要求，BIM 技术在设计与施工过程中得到了精确而充分的发挥。其解决的主要技术难点和步骤是：

（1）现场测量测绘建模。

用全站仪和放样机器人对现场楼板结构进行三维测量，

以坐标形式导入 BIM 三维设计模型中，形成实测施工 BIM 模型真实还原现场楼板三维结构；

点云效果，即打点数据，云端综合分析处理（图32）；

使用点云数据建立现场楼层轮廓放样；

建立理论的楼层结构模型与实测的楼层结构模型进行分析偏差值重新定义外墙挂板的拟合线；

将理论模型和实测模型以轴线——对比，分析。

（2）对照设计模型、包络拟合实测模型、外挂混凝土板模型创建。采用犀牛（Rhino）、REVIT 等 BIM 软件，通过对上述实测施工 BIM 模型与设计 BIM 模型对比分析，进行形体包络外挂混凝土板拟合性数字化建模；经过与建筑师不断协商与修改确认，完成建筑外挂混凝土板形体包络的三维包络建模（图33）。

（3）双曲面异形混凝土板块设计与制作。采用犀牛、INVENTOR 等 BIM 软件，将确认的外挂混凝土板拟合包络进行分割，板块划分，分层通缝设计等，完成每一板块的曲面与尺寸设计、定位；采用三维 BIM 模型分析异形外墙板的分段区域，经过对双曲面板的合理分组开模设计；经过对双曲面板的合理分组开模设计，以单一翘曲板模台设计拟合一组双曲面

30 两组剪刀式坡道示意图
31 地下室通风口示意图
32 点云效果截图
33 最终建筑外挂形体
34 挂装定位施工一
35 挂装定位施工二

板，完成分组模具制作与混凝土板生产；全程应用 BIM 技术指导埋件定位，单一板块背框设计、悬挑钢架设计、模具设计、模具生产等一系列生产工艺，将数字化应用贯穿建造全过程。

（4）模具与混凝土板块验收。应用 BIM 模型分析每个板块的理论空间定位尺寸及板块坐标，通过放样机器人导入包络分板 BIM 模型对混凝土板模具和完成制作生产的混凝土板块进行三维校核，完成工厂出厂验收。

（5）现场挂装定位。采用 BIM 模型直接导入放样机器人，针对每一个板块均采用四个相应的三维坐标定位点进行现场放样，定位板块安装，实现精确安装。安装精度达到验收规范要求（图 34，图 35）。

（6）3D 扫描建模数字化验收。通过对建筑全部外墙混凝土板进行 3D 扫描建模，再与外墙混凝土挂板包络 BIM 模型建立数据分析算法，进行数字化分析验收，提高数字化验收的精准与合理程度。

目前，工厂预制和现场安装接近尾声，实际效果较好地实现了建筑师的初始构想。

六、结语

作为城市生活运行"供应系统"中升级改造的重大建筑，上海西郊国际农产品交易中心改扩建一期工程，在不断涌现的数字化技术的帮助下已接近竣工。期待项目投产后为上海市的食用农产品供应保障发挥应有的作用。

注释：
1《民用建筑设计统一标准》（GB50352-2019）
2《建筑设计资料集（第三版）》第 7 分册 3 工业建筑。
3《物流建筑设计规范》（GB51157-2016）；《建筑设计资料集（第三版）》第 7 分册 2 物流建筑。
4《建筑设计资料集（第三版）》第 7 分册 2 物流建筑（本文作者为该章节副主编与该条定义的执笔者）。
5 HACCP 认证全称为危害分析的临界控制点（Hazard Analysis and Critical Control Point）。确保食品在消费的生产、加工、制造、准备和食用等过程中的安全，在危害识别、评价和控制方面是一种科学、合理和系统的方法。

CHAPTER 7

浅谈工业建筑遗留与再利用
ABOUT THE LEGACY AND REUSE OF INDUSTRIAL BUILDINGS

刘宇扬（刘宇扬建筑事务所）

一、工业建筑与城市发展

1909 年前后，三位二十出头、各自游历和寻觅方向的年轻建筑学徒分别到了德国柏林并逗留了一段时间。而就在这一年，位于柏林莫阿比特（Moabit）的德国通用电气（AEG）厂区，出现了现代建筑史上第一座伟大并具有革命性的工业建筑——AEG 涡轮厂（图 1）。9m 一跨的钢结构、总长123m、层高 25m、最大跨度 25.6m 的巨型工业空间，它的屋架形态直接反映了结构力学，它的立面材料采用了玻璃、金属和石材，其震撼的室内空间被后来的建筑评论家们称为"力量的殿堂"和"新世代的雅典卫城"。而历史总是充满了戏剧性，这座涡轮厂的建筑师，同时也是 AEG 集团的总设计师——彼得·贝伦斯（Peter Behrens），正是培养这三位年轻人（后来

的现代主义建筑教父勒·柯布西耶、极简建筑大师密斯·凡德罗、包豪斯学派创始人格罗皮乌斯）的共同老师！

AEG 涡轮厂的出现，既代表了德意志的技术高度和普鲁士的工业雄心，也代表了当时欧洲现代主义建筑在工业建筑上的思想启蒙和工艺水平。在建成后不到半个世纪的 1956 年，这栋厂房被德国政府正式列为历史保护建筑，并在 1978 年进行了全面修复。从某种意义上来说，正由于这栋工业建筑的特殊历史价值，工业建筑的文化属性被提升到与其他类型历史建筑可相比拟的高度，工业建筑的遗留、保护和再利用，也得到了一定程度的关注。

自从工业建筑进入建筑史的讨论范畴开始，工业建筑作为建筑学中相对年轻的一种类型，就开始面对它的遗存和再利

1　柏林莫阿比特 (Moabit) 的
　　德国通用电气（AEG）涡轮厂

用议题。要探讨工业建筑的价值，离不开讨论工业建筑相比其他类别建筑的特殊性——理性的流线布局、纯粹的建筑语汇、极致的空间尺度等。而一旦离开了原本生产功能，工业建筑的结构、层高、跨度等原本为生产工艺流程制定的特殊属性，立刻成为巨大的空间冗余和资源浪费。自工业革命以来，工业建筑往往是城市高速发展中第一批被规划和建设出来并为城市经济做出重要贡献的建筑类型。但作为城市发展的"开荒牛"，工业建筑又不可避免地在城市化进程中逐步让位给价值更高、污染更低或形象更好的住宅、商业、文化等其他类型建筑。近年来由于国家和地方政府的城市规划建设政策导向以及大众对城市环境的普遍重视，基于城市更新的工业建筑遗存、保护和再利用，亦成为现阶段中国城市化进程发展中所面对的最重要议题之一。

不论是从 20 世纪的五六十年代开始的欧洲和北美城市，或是自 21 世纪以来的中国城市，后工业时代城市所面临的契机与挑战有着许多相似之处。实际上，过去的半个世纪以来，工业建筑的遗留、保护与更新在一定程度上又与城市记忆、经济转型、节能减排、文化创意、智能城市、社区营造等当下城市生活与发展议题息息相关。

二、从纪念到体验——工业空间的华丽转身

工业建筑的转变是一个从"物质生产"(material production) 到"空间生产"（spatial production)，再到"文化生产"(cultural production) 的过程。在第一阶段中，工业建筑首先满足的是工业空间的生产属性。这个生产属性既构成了工业建筑的根本意义，也界定了不同工业空间各自的特殊性。当工业建筑进入了第二阶段，也就是工业空间的生产属性不复存在的时候，工业空间的价值和意义则开始发生转变。工业建筑的价值从物质生产转化为空间生产。在这个阶段，工业建筑的巨大空间冗余成为它的最大优势和特质。冗余空间，既是工业建筑退役之后的"副产品"(by-product)，也成为工业建筑转型为其他类型空间最重要的前提和基本条件。

不论是层高、跨度、采光还是结构，工业建筑的空间表达往往是直接、纯粹、宏伟而充满想象空间的。这也是为什么建筑师们往往会着迷于对工业建筑进行加固和改造，而不愿意将遗留物简单地拆除和重建，哪怕这意味着更长的时间和更高的成本。然而，要把工业建筑的生产属性再进一步从生产"空间"上升到生产"文化"(culture)"记忆"(memory) 和"内容"(content) 就不仅是活化工业空间的核心要素，更是工业空间进化为文化

2

和商业空间的过程中不可或缺的"灵魂"！

要留下"记忆"，意味着先要有"记录"。把原有的建筑进行一定程度的保留和保护是首要条件。同时，建筑背后的故事也需要通过挖掘和呈现，让后来的人能追忆和想象当年的情景，进而产生新的记忆。但光是记忆还不够，这些空间需要有"内容"。所谓内容，并非简单地植入功能——文化、商业、办公，而是通过设计创意来形成场景化体验，借由策划运营来增进人与人的互动。在 21 世纪以来移动互联网技术的冲击下，也唯有通过记忆和内容、情感和体验，线下空间的运用才有存在的必要和存活的机会。在这一点上，带有纪念属性和文化价值的工业空间，往往比其他类型的建筑空间表现得更强烈（robust）、更灵活也更有优势。由于工业空间本身的尺度感和结构性，各种各样的内容、功能和事件都可以被很好地植入，又可经常被替换、被更新。如果参考国外优秀先例，我们可以看到许多很好的文化艺术和商业空间常常是通过工业空间的改造和演化而来的。

在 20 世纪的 90 年代末，笔者曾在美国纽约工作和生活过一段时间。在纽约期间，几乎每个周末必访最有名气也最具人气的街区，就是位于曼哈顿下城区的苏荷（SOHO）（图 2）。

从 19 世纪中开始到 20 世纪的 20 年代末，苏荷区一直是当时纽约规模最大的纺织工业区和货物仓储区。自 1929 年经济大萧条开始到第二次世界大战之后的 50 年代，苏荷区有很长一段时间是处于废弃和空置的状态。在曼哈顿的棋盘街区规划下，苏荷区的典型厂房设计——朴实的红砖立面、理性的标准平面、巨大的层高和进深，如先知般为这个片区的未来转型埋下了伏笔，也为这些建筑的多样使用奠定了基础。在一定程度上，这些得到保留并富有历史感的多层建筑，也培育和保护了第二次世界大战后开始萌芽的纽约学派极简艺术和后来的波普艺术。

自 20 世纪 60 年代起，纽约的苏荷区由一个原本废弃的工业区，由于其廉价的空间和自由的气氛，逐步成为年轻艺术家生活和工作的聚集区。艺术家们为了节约租金而在室内搭建的夹层空间（也就是所谓的 Loft）俨然成了一种全新的建筑空间设计语汇，甚至影响了一整代人的设计和地产风潮。而到了 90 年代中期，通过纽约政府对周边环境和治安的强势整治，苏荷区一跃成为充满活力和创意的文化商业街区。在不到半平方公里的街区中，各种画廊、潮牌、概念店如雨后春笋般不断涌现。带着苏荷基因的丰富、前沿而多样的艺术、文化、商业、居住、办公的混合业态和文创模式，进一步扩散到全球各地城

3

4

2　纽约曼哈顿苏荷区（SOHO）街景
3　奥地利维也纳"煤气罐城"（Gasometer）
4　蓝天组（Coop–Himmelblau）设计的高层（Gonzalez Garrido 摄）

市，并发展为创意街区的对标案例和成功表率。

如果说美国纽约的苏荷区是工业街区成功转型为文创园区的鼻祖，位于奥地利首都维也纳市区南部的"煤气罐城"（Gasometer）（图3），则是工业建筑群改造成为商业和居住综合体的典范。建于1899年的4座直径65m、高74m的圆形煤气罐，是为提供生活燃气所需的市政基础设施。伴随这座优雅城市四分之三个世纪之后，由于燃气的使用从煤气转为天然气，这组煤气罐建筑也相应退役，而成为极具特色的城市景观。通过政策的制定和设计竞赛的组织，在20世纪90年代中，这四组保留下来的四圈煤气罐砖墙，被整体改造为集居住、办公、娱乐和购物的商住综合体。在一次现场走访考察中，笔者深深地被它充满设计感的社区属性和商业气息所吸引。其中最震撼的一组建筑，是蓝天组（Coop–Himmelblau）（图4）设计的一栋新建高层住宅。它若即若离地依附在其中一个煤气罐旁，极富动势的体量和前卫的造型与原煤气罐的沉稳和饱满形成了极度的反差和张力，材料和细节又一丝不苟地维持了欧洲建筑一贯的高品质，看完之后久久不能自已。在这个项目上，"煤气罐城"的成功，很大程度是由于居住和商业功能的充分植入，不走寻常路的设计

手法和强烈的空间体验，为原场地注入了新的能量，并创造了极为生动的场所文脉。

在整个20世纪里，欧洲和美国都经历了工业革命带来的城市化和工业建筑转型所面临的挑战、思考和机遇。不论是通过公共保护模式（Public Conservation）、商业运营模式（Business Enterprise）或个体使用模式（Private Usage），工业建筑的遗留和再利用离不开从生产到消费、从保护到利用、从空间到业态、从记忆到体验的转化和催化。

工业建筑通过自身的历史价值和它所象征的集体记忆，进而形成了工业空间的"纪念属性"（monumentality）。每一个工业空间背后的人、事、物有它独特的故事。这个故事被放置在当下的时空语境，通过创造性的挖掘和提取、富有设计感的叙事与呈现，工业空间的纪念性和体验感就能很好地被感知和放大，工业空间才可能对城市产生新的价值和效益。产品可以山寨，文化却无法复制。正是因为注入了文化的"灵魂"，工业空间得以孕育出自身的文化属性，也才可能完成它的华丽转身。

5

6

三、后工业语境下的文化地标与城市更新——中国经验与启示

自 2000 年以来，不论是位于伦敦泰晤士河边著名瑞士建筑师团队赫尔佐格与德梅隆的成名之作——泰德现代美术馆 (Tatemodern)（图 5），或同样由赫尔佐格和德梅隆建筑事务所操刀并历时十余年后终于在 2017 年开幕的德国汉堡易北音乐厅 (Elbphilharmonie)（图 6），通过对工业建筑进行大幅度改造并赋予区域级甚至国家级的重要文化功能——艺术、音乐、博物馆等，已是城市升级的重要策略和共识。结合工业建筑和文化地标的"组合拳"，除了提供市民良好的文化活动和休闲空间、吸引更多的旅游人口，更是打造城市品牌和催化城市更新的一大利器。

从早年北京 798 艺术区，上海 M50 创意园、红坊的"文创园"模式，演化到后来的上海凹博源、上海西岸 (West Bund) 的"文化港"模式，在短短 20 年不到的时间内，中国的后工业城市创新与发展已积累了相当的实战经验和案例。如果说"文创园"是通过政策默许、激发民间活力的一个有效机制，"文化港"则是由政府牵头、促进整体发展的一盘大棋。在某种意义上，这两种模式将继续并存，但也都需要通过更精细化的设计和运营来赢得成功的机会。

笔者在 2017 年完成的北京西点记忆文创小镇（图 7，图 8），是一个在新经济、新常态语境下以轻资产、重运营为导向的全新产物。它有别于传统文创园之处是在设计、传播和运营三个方面。从项目初始，设计通过叙事性的文脉梳理，将有违传统招商偏好的火车轨道等不利因素反转为场地的特点和 IP，创出建筑空间的可识别性和多样性。年轻的开发团队通过社交媒体的

广泛传播，结合专业的招商和运营，在一年不到的时间内完成了他们在北京首个轻资产模式中开盘既爆款的现象级项目。

位于上海虹桥商务区的申窑艺术中心是另一个前后历经两任领导、三家业主、四年时间，但建成之后同样获得广泛报道和充分使用的轻资产工业遗存改造项目（图 9，图 10）。建筑设计的策略性和对市场、造价、结构、改造效果和空间灵活性的把握和判断，在面对各种变化因素时都至关重要。其中特别是对面积的存量与增量的拿捏，设计心中必须有一把尺，能够"加法和减法"并用，"增量和减量"共存。通过完成这个项目，笔者的一个强烈体会是：很多情况下建筑师可触及到城市发展最前沿的某些点，而且往往是一些有别对于传统城市开发的、被人忽略的细微场地。被偏中小型业主与其特有的敏锐嗅觉寻求出的商机，往往业态的灵活性，让小而精的项目拥有更多元化、更具生命力的休态，也直接论证在城市更新或者历史遗存的改造项目下这种"走一步看一步"的策略不失为可行的途径。

近年来，目睹了中国城市越来越多的工业遗存项目的落地。如何更全面地面对后工业建筑的再利用，建筑师除了对于本体建筑的结构、空间、美学、运营等议题都需有所了解和掌握之外，也需要通过更深层次的思考，梳理出后工业建筑、城市和景观与社区营造、乡镇复兴、气候变迁和全球疫情等微观及宏观层面的论述。在城市更新和产业升级的持续进程中，越来越多的工业空间将继续被释放，也越来越多的工业空间不再以历史保护建筑的名义，而是以更为日常的模式进入了市民的生活空间里。笔者认为，也正是在可预见的未来中，工业空间真正形成了它的日常属性，工业空间的长远价值也才能最大程度地启发新的想象和提升（图 11～图 16）。

5　伦敦泰德现代美术馆 (Tatemodern)（Andyhaslam 摄）
6　德国汉堡易北音乐厅 (Elbphilharmonie)（Iwan Baan 摄）
7　北京西店记忆文创小镇庭院（朱思宇摄）
8　北京西店记忆文创小镇"车站"大堂（朱思宇摄）
9　上海申窑艺术中心外立面（朱思宇摄）
10　上海申窑艺术中心室内中庭空间（朱思宇摄）

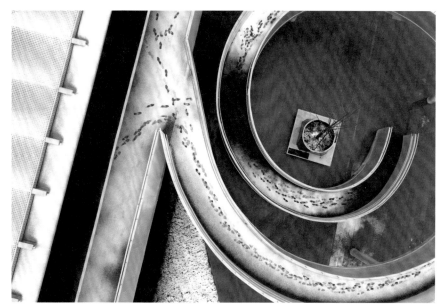

11 西段贯通桥连接轮渡站（田方方摄）
12 贯通桥螺旋坡道雪景（田方方摄）
13 二层云亭下活动人群（田方方摄）
14 贯通桥雪景鸟瞰（田方方摄）
15 云桥鸟瞰（田方方摄）
16 云桥鸟瞰（田方方摄）

下篇
工业建筑案例

PROJECT 1

工业4.0时代的预言建筑
—— 德国下一代汽车技术主动研发空间

PROPHECY ARCHITECTURE IN INDUSTRY 4.0 ERA —
ACTIVE R&D SPACE OF THE AUTOMOBILE TECHNOLOGY
OF THE NEXT GENERATION IN GERMANY

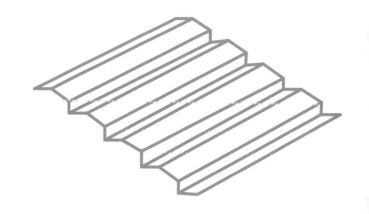

项目名称 德国下一代汽车技术主动研发空间 ARENA2036   海茵建筑 HENN
项目类型 研究型工厂
设计单位 海茵建筑 HENN
项目地点 德国斯图加特
设计 / 竣工 2014 年 /2017 年
建筑面积 10292m²
其他专项 结构工程 / 普菲法科工程民事合伙公司 Pfefferkorn Ingenieure GbR
          景观设计 / 科伯景观建筑 Koeber Landschaftsarchitektur

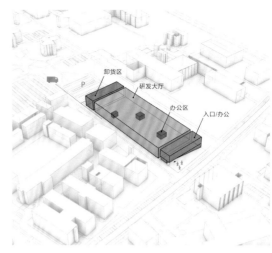

工业 4.0 时代是什么样子？位于德国斯图加特的 ARENA2036 宣告未来已来。

ARENA2036 位于德国斯图加特，是一家功能灵活的研究型工厂，致力于促进研究设计未来车辆，而这些智造的产出基于先进的硬件设备应用。这里汇聚了来自科学界和工业领域的众多合作伙伴，一系列颠覆性的数字化和网络化技术正在此处孕育而生。不仅是未来的汽车，ARENA2036 的科研人员也正重新思考未来的汽车如何生产。

ARENA2036 于 2014 年 6 月 3 日成立，由斯图加特大学负责运营。ARENA2036 的名称并非来自"竞技场"（arena）一词，而是项目全称"下一代汽车技术主动研发空间"（Active Research Environment for the Next Generation of Automobiles）的缩写；而"2036"则指代一个特殊的年份——汽车诞生 150 周年。因此这个名称象征着期盼在未来的汽车和工业科技领域竞技中拔得头筹的愿望。

ARFNA2036 专注干汽车领域，旨在促进科研人员的协作和技术转换，以缩短从创意到可销售产品所需的时间。当前，ARENA2036 的科研工作包含四个主要领域：DFA（数字指纹）、FlexCAR（未来信息物理车辆的技术平台概念）、FluPro（未来可移动的流体车辆生产）、InnoHub（灵活创新基地）。

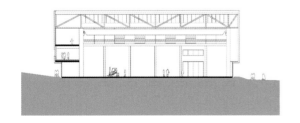

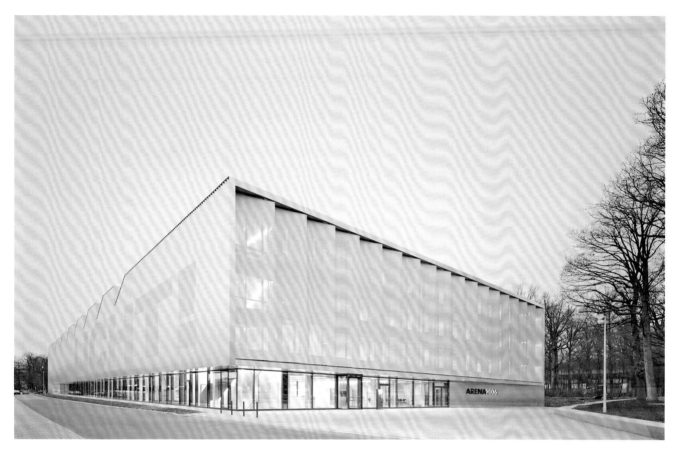

5

35 个不同的科研计划正在这里实施，其中包括欧洲最大的开放性移动创新平台 Startup Autobahn。巴斯夫、博世、戴姆勒、德国宇航中心、帝斯曼、费斯托、弗劳恩霍费尔研究所、西门子、通快等科研机构和科技企业都在这个空间进行科研项目研究，与斯图加特大学进行协作，为人类的未来汽车生活创造科学奇迹。

斯图加特大学 ARENA2036 项目发言人兼副校长彼得·米登多夫教授（Prof. Petermiddendorf）说："ARENA2036 是斯图加特大学、斯图加特地区，乃至巴登 – 符腾堡州的重点科研项目。它结合了对生产、数字化和轻量化车辆构造的重要基础研究，促进了工业界与学术界之间的协作，找到了一个加快技术转让的新方法。我们为合作伙伴建立和参与这个项目感到自豪，ARENA2036 也成了其他学科和类似领域研究计划的标杆。"

这座承载了相当重要科研使命的 ARENA2036 大楼由海茵建筑设计，于 2017 年 3 月正式落成。这座建筑的核心是超过百米长、16m 高的超大型无立柱大厅（图 1—图 6）。

针对地块的实际情况，以及项目紧邻街道的特殊地理位置，建筑师将建筑设计为狭长体量。在其所在的研究机构园区中，ARENA2036 带

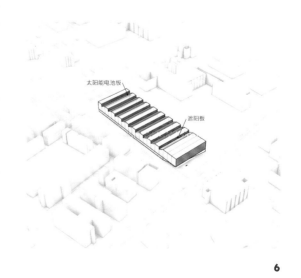

6

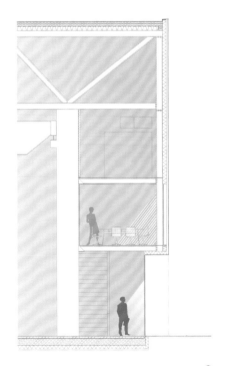

着充满科技感的金属质感傲然挺立，成为园区中的地标，看上去充满了自信和雕塑感。

大型的锯齿形顶棚设计勾勒出建筑独特的屋顶景观。只使用种类有限的立面材料，以及大幅面的立面元素，拉丝的铝制外墙反射了周围环境的色彩和光线，极大地增强了建筑的力量感和稳定性。办公室立面的一部分采用了白色织物，具有调节室内阴影和眩光的功能。这样的设计和材料应用与 ARENA2036 研究的一项关键课题正相吻合——创新材料的使用（图7，图8）。

乍看之下，这座位于斯图加特 – 维辛根大学校园的新建筑像是一座典型的工厂。但一旦走进室内，立刻就能发现它是最先进的科技研究中心。建筑的内部明亮而整洁，空间光线充足却没有眩光，这为科研人员提供了理想的工作条件。研发大厅是建筑内的绝对重心，而带有落地窗的办公室位于建筑北侧的二层。整个大厅的地面看起来像是被透明的地板抬高了一样，完全规避了传统大型工业建筑散发出来的沉重感。

科学家和来自工业企业的科研人员在这栋建筑中合作，进行最具前瞻性的研发工作，这对建筑空间的灵活性提出了极高的要求。研发区域和开

9

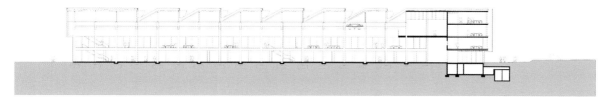

10

放的办公区域可以进行实时调整和改变，以实现灵活和动态化的使用。因此，基于对空间灵活性的高度需求，海茵的建筑师在设计中把空间设定为一个大型的现代化科研工作室型建筑。大厅区域没有立柱，为生产设施相关的仪器设备测试和运转预留了充足的空间。不仅生产过程在这里高度自由化，人和机器设备的融合也使空间高效（图9，图10）。

各种测试设备可以在延绵的地面上自由地组合、移动式的起重机可以将重物移动到任何需要的地方。地板上有横向工程区域和方便的供应管道网络，可以为空间内的每个角落提供服务。这个模块可以精准地把设备移至目标位置，同时避免设备移动中影响其他设备的使用和人员动线。

可以说科幻电影中的生产场景，在这里得到重现，未来已来，现实就在眼前（图11—图14）。

7　西立面实景
8　主入口
9　剖面详图
10　剖面图二

Baujahr: 2016
Fab. Nr.:
150 444

GKS
GÜTZSCHEN
KRANSERVICE

CE **10,0 t**

12

11 生产区室内空间一
12 生产区室内空间二
13 生产区监控室
14 办公区走道

13

14

PROJECT 2

通透立面溢出材质之美

—— 德国布鲁纳集团创新中心

TRANSPARENT FACADE OVERFLOWS THE BEAUTY OF MATERIAL — INNOVATION CENTER OF BRUNER GROUP

海茵建筑 HENN

项目名称 德国布鲁纳创新中心

项目类型 产业综合

设计单位 海茵建筑 HENN：克里斯蒂安·贝希特勒 Christian Bechtle，沃夫拉姆·施耐德 Wolfram Schneider，

莫里兹·格里林 Moritz Greiling，阿赛亚·伊斯卡科娃 Aselya Iskakova，克里斯蒂安·拉斯曼 Christian Rassmann，伊斯·赛科斯 Yves Six

项目地点 德国莱瑙

设计 / 竣工 2018 年

建筑面积 6525m²

其他专项 结构工程 / 施莱希·贝格曼及其合伙人 Schlaich Bergermann

景观规划 / 莱纳·施米特景观建筑 Rainer Schmidt Landschaftsarchitekten

1

1 总平面图
2 一层平面图
3 剖面图一
4 东北立面实景
5 南立面实景

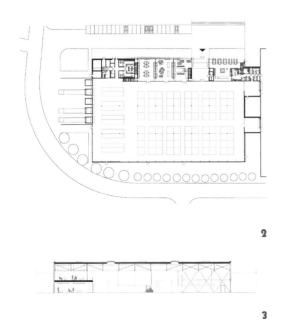

2

3

来自德国巴登 – 符腾堡州莱瑙市的布鲁纳集团（Brunnor Group），是一家拥有 43 年历史的家具制造商。2019 年，这家公司生产的各类座椅数量超过 50 万把，桌子超过 10 万张。在世界各地，布鲁纳集团的雇员超过 500 人。商业的稳步发展，以及在互联网时代涌现出的新的工作需求，令这家公司决定改造原有的公司总部和生产基地。

2019 年 10 月，由海茵建筑为布鲁纳集团设计的创新中心正式投入使用。自 1977 年诞生以来，这是布鲁纳集团的第三座公司总部。跟过去的传统制造型企业总部相比，这个像透明盒子一样的建筑充满了创新元素，象征着企业在新时期的全新品牌形象和发展目标。

为一家驰名全球的家具公司创造新总部建筑，符合其美学主旨的建筑设计和材料运用不可或缺。整座大厅采用了模块化木质结构，让建筑不仅具有高度的可持续性，并且使其拥有天然的美感和舒适性。室外区域的优雅环境也同期完成，不仅将各个建筑物相互连接起来，也让这个公司基地的全貌都焕然一新。

布鲁纳集团董事总经理马克·布鲁纳博士（Dr.marc Brunnor）高兴地说："我们的公司获得重生，大功告成。在这座新的园区内，已经能满足我们不断增长的空间需求，工作流程得以优化，还创造了面向未来的工作环境。从我们步入这个新的工作环境开始，越来越能感受到它带给我们的效率提升。"

创新中心是一座独立的新建筑。作为公司迈进现代化和未来时代的总部，这座建筑是一个具有标志意义的主导性建筑。海茵建筑负责该项目的建筑师沃尔弗拉姆·施耐德（Wolfram Schneider）这样解读："屋顶采用了模块化木结构，清晰可辨，为的是向布鲁纳这个品牌致敬。那些木质桁架梁需要手工制作，与布鲁纳的设计和制造理念不谋而合。可以说，在建筑材料的选择上，我们完全是受到了布鲁纳的启示（图1—图8）。"

高端家具般的构造细节和材料质感成为建筑的一大特色，即使在远处

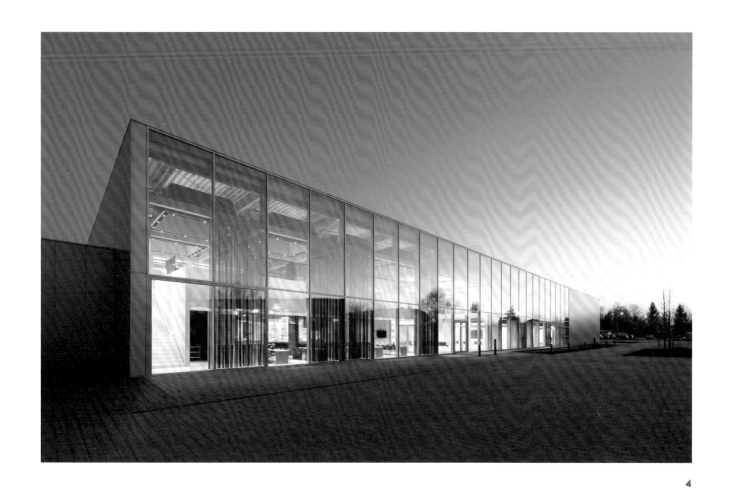

4

也能透过玻璃外墙看到这座建筑的与众不同。人们很容易就注意到屋顶的支撑结构，透明的立面更是凸显出这种结构的巧妙和美学主张。多重交叉的支撑构造如此精妙，仔细看去，支承构件由不同层数的木质板材制成。主梁由三个薄板组成，两个大梁的交叉梁则是两层，其他大梁只需要一层薄板。整座大厅被精巧而又稳固地支撑了起来（图9—图11）。

　　这座多功能建筑结合了生产、装配、办公和餐饮功能。身处创新中心之内，这里采光条件优越，温暖的木材色彩映衬着令人心情愉悦的阳光。设计部门、总装生产线、后台部门、办公空间以及员工食堂，都能分别集中一处，这究竟如何得以实现？施耐德对创新中心背后的基本概念这样阐述："许多视觉上相连的通透结构，实际上都具备最佳的隔音特性。相连的空间尽管是透明的，但可以保持彼此工作的专注，这就是这座建筑空间构想的基础。在此之上，各个部门的工作流程能更清楚地传递给其他部门，促进了彼此间的相互理解、沟通和协作，而这一切在日趋网络化的工作环境中至关重要。"

　　为了促进各个层级的信息共享，建筑内的许多区域可以灵活使用，比如用来快速协调项目，或者来一场创造性的头脑风暴会议。舒适的座位组合，提升了同事间的交流便利性。餐厅的设计也有类似的考量——

5

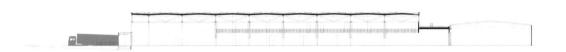

6

7

建筑师们创造了一个颇具吸引力的开放式环境，客户和员工都可以在轻松的氛围中享受多样的美食。无论是简短的餐间交流，还是富有创意的对话，这样的用餐空间激发出新的交流场景和越来越多的非正式交流。

项目的完美度不仅体现在主体建筑上，在总体规划中，布鲁纳如获新生的蓝图上还包括建筑外部园区的重新设计，将创新中心与现代化的通信中心和已建立的行政大楼连接起来。正如施耐德所言，这一切不仅仅是为了更好地向人展现布鲁纳的家具产品和生产过程，而且要明确："现代企业，必须被视为一个整体。企业早已不等同于工厂，还需要各种休闲空间来激发人们的创造力。从员工餐厅通向庭院的区域，被我们设计为一个安静舒适的休闲空间。那里有广阔的绿地、池塘，并且提供了许多座位。许多员工都喜欢经常来这个空间放松一下"。

深思熟虑而来的建筑设计，带来的结果超出所有人的预期。正如马克·布鲁纳博士总结的那样："创新中心为布鲁纳的工程师、外部设计师和专业供应商参与我们的交互式产品开发过程创造了完美的条件。"更重要的是，与传统的展示厅相比，创新中心还为人们创造了一个深入了解这家公司、产品及其高质量标准的互动平台，因此在投入使用后大获好评，人们对新建筑印象深刻（图12—图15）。

8

6 南立面实景
7 剖面图二
8 东立面实景
9 屋顶构造示意图
10 屋顶构造局部模型图
11 屋顶构造实景

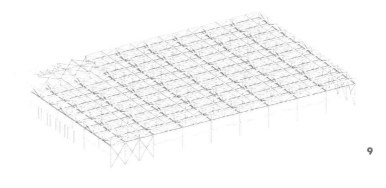

9

10

11

12

12 北立面实景
13 生产区效果
14 办公区实景
15 休息区实景

13

14

15

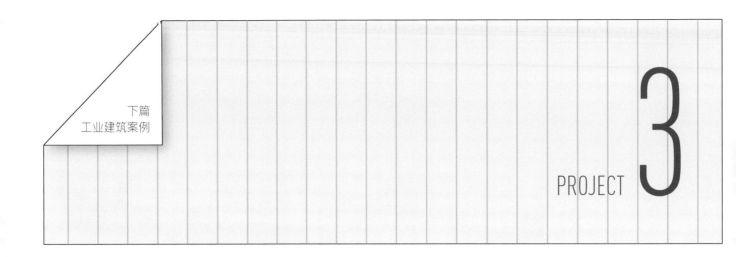

PROJECT 3

江畔"山舍"
—— 浙江普利斐特生产基地
"SHANSHE" ON THE RIVERSIDE —
ZHEJIANG PLYFIELD PRODUCTION BASE

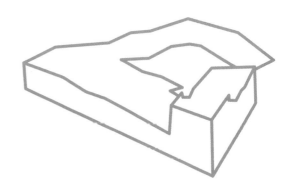

项目名称 浙江普利斐特生产基地一期组团 Zhejiang Perfect Production Factory (Phase1)
项目类型 生产、物流、实验室、办公、生活配套等
设计单位 原建筑设计 GLA 建筑设计；建筑改扩建 & 室内设计 & 景观设计 gad・line+ studio
主创建筑师 朱培栋
项目地点 浙江海宁尖山新区
设计 / 竣工 2015 年 /2019 年
建筑面积 26004.2m²
摄影 存在建筑 – 建筑摄影、wen studio、简直建筑 – 空间摄影

朱培栋
gad・line + studio

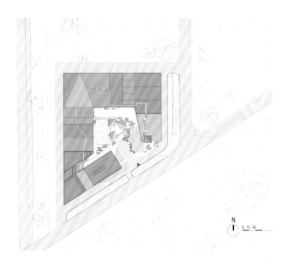

1

一段时间以来，在传统的经济增长模式的导向下，各地的产业新城纷纷拔地而起。这些工厂或园区遵循着几乎相同的底层逻辑——以最低的代价和最高的效率来围绕生产组织的需求进行空间布局和建筑营造，简单直接的"兵营"化布局和火柴盒式的空间成为最为有效的回应模式，进而使得工业建筑除了表皮之外，几乎成为被主流建筑师们所遗忘的角落。

浙江普利斐特，作为一家在汽车科技领域的创新型企业，在委托我们对这一位于海宁尖山新区、毗邻钱塘江入海口的用地进行设计的同时，提出了期望跳脱遍布其用地周围的传统产业园区空间模式的要求。这一期望与建筑师自身对于传统产业园区的反思不谋而合，因而也省去了许多项目中最为艰巨的说服业主的工作，设计师得以将更多的精力投入在探索实现这一共同诉求的路径可能性之上（图1—图4）。

在踏勘场地之后，发现用地位于尖山新区的一线沿江处，南侧辽阔的钱塘江入海口的江水奔腾画面和西侧泄洪渠的深溪静流场景形成鲜明对比，并给设计师留下深刻的印象。经与业主的商议，设计师希望借由本项目不大的用地，尝试探索与周边封闭化管理的园区形成差异化的方

1　总平面图
2　体块生成示意图
3　综合楼一层平面图
4　钱塘江畔水天一色下的园区
5　综合楼功能分解图

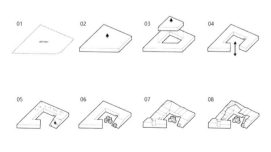

01　基地
02　根据容量得到建筑基本体量
03　内部切割得到最大庭院空间
04　切割体量连通内部与外部
05　将人的活动延伸至建筑屋面
06　加入小型体量呼应传统聚落
07　深化形体形成山势起伏
08　增添"登山"路径

2

1　前厅
2　序厅
3　多功能厅
4　会议室
5　储存室
6　保安室
7　接待
8　行政
9　主管办公室
10　超市
11　宿舍
12　阅读室
13　洗衣房
14　机房
15　会所入口
16　等候区
17　交流共享区域

3

4

向——不仅是一处更为开放的产业园区，也是作为这一区域的公共景观，并挖掘其与周边陆续入驻的企业的互动可能。

在深入了解业主企业的生产工艺要求、踏勘场地和进行反复多轮的推演之后，建筑师决定将设计的主要切入点回归到最为基本的要素——"流线"上。在此，流线的含义不仅在于实现产业生产所需的工艺流程和货运流线，也包括了即将在此生活工作的产业工人与管理者的生活行为流线。

从基于生产的物流考虑，建筑师将体量化整为零，形成五组建筑单体——在东侧贴临道路布置对外服务车间；北侧布置基本生产车间，并与后续的二期用地相邻；西侧沿泄洪渠布置无尘车间和实验室；南侧面向钱塘江的界面则用于建造研发办公和生活配套综合楼。在将这4个体量最大程度外推贴边布置，并与外围环形车道连接以实现高效物流进出后，在场地中央的剩余空间形成了一个步行尺度的内院，建筑师在其中布置了第五组体量——员工食堂及生活服务中心，并将其作为生活行为流线的汇聚节点。这一布局所形成的中心放射性的功能组织结构，为员工的日间生产和工余日常生活都提供了最为高效的路径连接（图5）。

在理顺园区效率这一底层逻辑后，一种关于限定及围合的空间构图已然呈现，设计面对西方舶来的枯燥机械的工业生产场景，尝试将其转

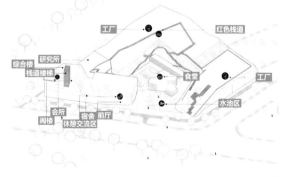

5

6

7

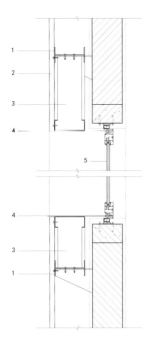

1 墙面钢龙骨
2 0.6mmV35-125-750 镀锌压型彩钢板（穿孔）
3 C 型钢 200X70X20X3
4 6mm 钢板表面氟碳喷涂
5 6（LOW-E）+12A+6mm 双钢化中空玻璃

8

换为一种更具本土叙事语境的传统聚落图景。还原到具体的图景切换策略，建筑师则借用中国传统绘画的经典著作《芥子园画稿》作为这一切换的逻辑线索，即以一种"类型化"的视野来拆解传统山水绘画中的元素——山、石、屋宇、水、篱、台阁、门径等要素，并以当代的建筑语汇与之相对应（图6—图10）：

山——贴合场地周边的凹组建筑通过体量的连接及屋盖的处理构成基本的山势，并面向东南角打开"拗口"，形成围而不合的袋形空间。

石——以预制的混凝土几何砌块进行堆叠、取叠石之意而重构。

水——在场地中心生活配套建筑边、面向开敞拗口设一浅塘，有水则灵。

屋宇——为避免食堂和生活服务中心对本身不大的山院产生压迫，打散其形体，将之转化为三个互相连接的小体量山舍群组，临水而置。

篱——摒弃了传统工业园区的实体或铁艺围墙，而以规格模数化的白色打点渐变彩釉玻璃构筑线性序列，限定了场地边界的同时，仍从管理上保持着对于整个周边区域的视觉、资源共享借用的开放度。

台阁——在办公研发的主楼顶层西南角设"望潮阁"，潮来时凭栏望江。

径——建筑师抽取了车间的疏散楼梯、屋顶太阳能板的检修马道、跨越水池的小径、办公楼的室内楼梯，覆以统一的耐候钢板，或将之外化可视，或将之下沉消隐，又或使之穿层飞楼，还原了中国传统的山水绘画的中若隐若现、似断实连、曲折回绕的山径，进一步构成了串联以上所有图景要素的核心线索——不仅是可视的，也是可游和可用的（图11—图13）。

6　生活服务中心与下沉水径
7　从无尘车间通向食堂的山径
8　餐厅外墙穿孔板与铝合金窗交接节点
9　屋顶马道和里面疏散楼梯的连接
10　夜晚的内院U玻立面

9

10

11

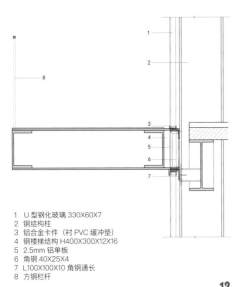

1 U 型钢化玻璃 330X60X7
2 钢结构柱
3 铝合金卡件（衬 PVC 缓冲垫）
4 钢楼梯结构 H400X300X12X16
5 2.5mm 铝单板
6 角钢 40X25X4
7 L100X100X10 角钢通长
8 方钢栏杆

12

1 花池
2 自助售货区
3 大厅
4 A 区（36 人）
5 B 区（44 人）
6 C 区（45 人）
7 售菜区
8 烹煮区
9 厨房
10 服务台
11 开水间
12 调料区
13 卫生间

13

11 庭院与下沉水径
12 工厂外墙钢楼梯与
   U 玻交接节点
13 园区功能分析
14 水径与山径
15 景观功能分析

14

面对钱塘江畔,项目周边时常是水天一色的奇景,设计上选用了白色瓦楞钢板和超白 U 玻作为外墙的主材,在使之融入大场景的同时,又通过这两种对比强烈的材料营造了园区面向外界和内部的不同质感。面向外部,建筑外墙通体饰以白色瓦楞钢板,纵向的条窗、瓦楞纹理及折面屋顶构成了"山体"的干练、简洁的"实面"肌理。面向园区内部,连续的 U 玻构成了一种连续的半透明状态,并在白天与夜间形成了完全不同的质感——日间的清冷温润与夜间的温暖通透。建筑以轻盈姿态依水而立,隐隐透过立面映射出建筑内日常的工作和活动(图 14)。

历经多番周折,项目已然建成并投入使用,在保持产业项目基本设计逻辑和实际效率的同时,建筑师所设想的产业园区的差异化表达,最终通过了一种基于传统绘画图景转译的方式得以呈现,"江畔山舍"这一通过平面的传统绘画技法来映射深度可游场景的尝试,仍在潜移默化地影响着在这里生活、工作的产业工人们,并持续地吸引着周边的好奇行人们,而至于业主——似乎正打算将家搬至此间与工人同住(图 15—图24)。

闻之而欣然。

(本文原载于《建筑学报》2020 年 7 期)

消防疏散

搬运货物

厂区市集

15

17

18

16　研发办公楼——从走道看向庭院
17　研发办公楼多功能厅
18　综合楼功能图解
19　办公楼前厅
20　研发办公楼室内楼梯

19

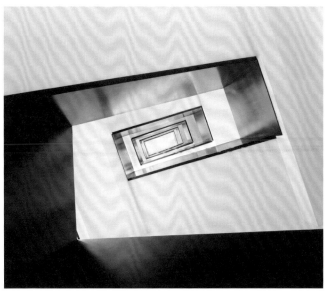

20

21

21 员工公寓中庭
22 研发办公楼室内楼梯
23 研发办公楼开放讨论区 1
24 研发办公楼开放讨论区 2

22

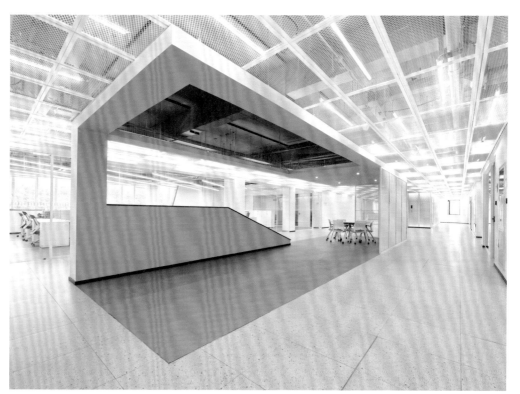

23

24

PROJECT 4

人文·场所·智造
——潍坊节能环保孵化产业园

HUMANITY · PLACE · INTELLIGENT CREATION —
WEIFANG ENERGY CONSERVATION AND ENVIRONMENTAL
PROTECTION INCUBATION INDUSTRIAL PARK

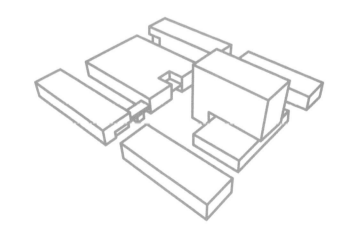

项目名称 潍坊节能环保产业园项目

项目类型 生产、物流、实验室、办公、生活配套等

设计单位 北京市建筑设计研究院有限公司

项目地点 山东省潍坊市

建筑面积 90000m²

应用材料 100mm 厚，浅灰、深灰、黄铜百丽特外墙系统

受访者：孙耀磊

北京市建筑设计研究院有限公司

采访 / 整理：应慧珺

山东万事达建筑钢品股份有限公司

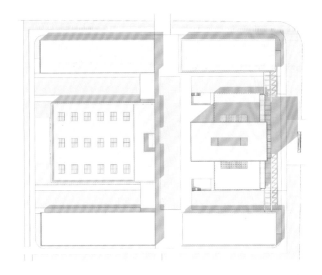

1

中华文明历来强调天人合一、尊重自然。在绿色建筑兴起的浪潮中，为构建现代产业体系，大力推进"四个城市"建设，潍坊节能环保孵化产业园着力聚焦新旧动能转换，突出高效节能、先进环保、高精尖端新兴技术产业特色，倾力打造潍坊市最前沿的高新技术企业孵化创新实验基地和中国节能环保产业示范展示园区。为此，我们特别邀请了北京市建筑设计研究院有限公司设计师孙耀磊，从建筑设计角度分析关于潍坊节能环保孵化产业园的核心理念。

Q：在规划的过程中怎样适应现在的趋势？

A：根据我们设计过的很多科学实验室工程案例，随着科技的发展，科研生产环境的要求越来越标准化、模块化，除此之外人与人之间的交流反而是我们在规划设计过程中更应该关注的。

一切的生产力其实是来源于人的思维和研发，所以在最初的设计中更多考虑人与人、人与环境交互的基本需求，设计中在管理区、标准厂房设置大量的共享配套设施，包括展厅、咖啡厅、餐厅等，并在园区内

1 总平面图
2 厂区部分分析图
3 1#厂房一层平面图
4 鸟瞰效果图

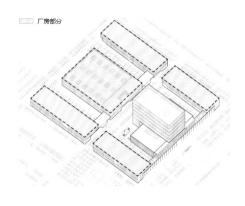

厂房部分

2

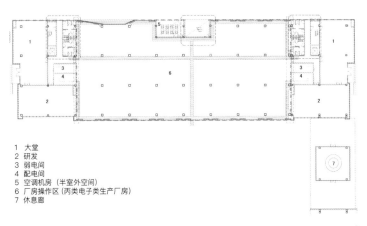

1 大堂
2 研发
3 弱电间
4 配电间
5 空调机房（半室外空间）
6 厂房操作区（丙类电子类生产厂房）
7 休息廊

3

4

部构筑中心景观大道。整个园区功能分布都围绕着景观大道向外辐射，形成一个良好的正式与非正式交流的场所，这是规划和布局的整体内核。

同时 4000 ㎡的标准模块厂房通过结构、机电等各物理环境的保障，形成一种非常高效便捷的生产模块，来满足不同企业的不同生产需求（图1—图5）。

Q：对于潍坊节能环保孵化产业园的设计灵感来自于什么？

A：不可否认设计灵感是非常重要的一方面，但是对于工业建筑，其实更强调整体结构的设计，这里的结构是指基于系统论基础上的结构，把产业园的功能要素，结合设计师长期积累的设计经验，进行整合排序。

科研办公人员之间的相互交流是设计主要灵感来源。

该项目是城市环境的一部分，也是潍城区产业样式的一个重要载体，作为城区重点项目，整体的外观设计和内在的结构梳理是重点。在整体的设计过程中，虽然是一个工业用地，但是目前国家在工业生产、工业研发的过程中，从重工业到轻工业，到高精尖工业，有一个非常明显的过渡、向前演进的趋势，随着演进的趋势也更强调高精尖技术。

Q：潍坊节能环保孵化产业园的功能区是如何设置的？如何满足用户的需求？

A：整体规划之初，设计师与甲方进行了深入交流，甲方期望将产业园打造成一个聚拢当地高科技企业的产业园，并为企业提供良好的软硬件环境以及政策支持。

5 研发楼立面实景
6 功能分析图
7 厂区立面局部
8 厂区立面局部

在这样的大背景下，设计师研究了国内比较有名的产业园，根据这些产业园的基本功能，结合潍坊节能孵化产业园发展的趋势，在规划中同时兼顾如下二个功能区：首先是管理区，设计中把办公和研发单位集中在产业园主楼位置；其次是公共交流区，主要提供共享服务设施；最后是运营生产的标准厂房生产区和基本配套设施，这样就形成了从研发到生产相结合的一条龙的整体产业链。

Q：根据潍坊节能环保孵化产业园的发展要求，设计会从哪些方面入手呢？

A：产业园希望通过筑巢引凤，把国内高精尖产业引入潍坊区。潍坊区不但可以提供非常好的硬件环境，而且提供非常好的政策扶持。在此基础之上，规划指标以及产业策划，业主给设计提供了相当多的自主性和自由度。

要打造潍坊城区地标式的产业园环境，首先要确定功能设计，是根

5

据之前的经验结合目前其他工业园区先进的整体设计。从整体规划来说，基本的构成模式为一环一中心，通过一个交流环廊连接中心的研发大楼和配套的服务设施。其中一栋 11 层的主楼，包含管理区和公共交流区，园区布置了 4 栋标准的高精尖加工厂房和以机加工为主的厂房，并且通过内部环廊整体连接。

再细分就包括研发办公、展厅厂房、会议咖啡厅和配套设施等功能区。按照这些功能本身自有的特点以及进入园区的人数测算，并对测算数据与相关功能空间结合后，确定了现在的功能空间，最后把厂房按照比较通行的标准模块进行了整体的划分。

设计中对厂房注入了更多的灵活性，考虑到将来可能改造，所以我们把 4 栋厂房又进行了模块拆分，相当于细胞生长一样，每一个细胞都是一个相对独立的整体，同时细胞又是整个组织的一部分。设计中把每栋厂房分成了两个部分，可分可合，根据单位规模选择整体使用或者物理分隔展开使用。厂房竖向设计，每栋厂房按照两个大层，四个小层来设计的。两个大层是按照 8m 层高来设计的中式车间和厂房。大厂房是配两个 8m 的厂房、两个 4m 的研发办公配套设施。同时也可以把移动厂房拆分成三到四个单位，具有很强的灵活性（图 6）。

Q：潍坊节能环保产业园项目与其他产业园设计有哪些差异化部分？

A：首先，相比人多数的设计，该项目设计是硬件环境更强调集成集约和效率，集成就是共享。设计中把每一个厂房都需要的展厅公共设施集中在研发办公区，让每一栋入驻的企业都有非常完备的办公生产环境（图 7—图 10）。如果每一个企业都需要完整的功能设施，则会占用很多的面积，后期的运营也会花费很多经费，对于进入该产业园的高精

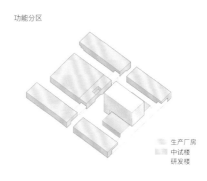

功能分区

生产厂房
中试楼
研发楼

联系空间

院落空间

6

7

9 西立面图
10 东立面图
11 研发楼一层平面图
12 研发楼局部实景

尖技术企业，整体的运营压力就会增大，但是这些需求又是他们必需的。所以设计师整合了这样的功能模块，置入公共设施，由园区统一运营，作为每栋厂房的硬件保障。

其次，从机电结构等各种条件的预留来说，设计师研究了各种厂房，包括机加工、电子架构等厂房需求独特的物理环境，在资金允许的条件下最大限度、最大灵活性的设计，保证更多不同类型的研发机构进入园区对接生产。

最后，也是最重要的一点，就是怎样把进驻厂区的人员作为设计对象。

室外空间中央绿地两边是设计的集中景观大道，包含整体景观设计和设施设计。同时在厂房与厂房之间做了非常多的屋顶平台连廊，在一层还做了很多半室外的休息区，人员进入会有一个亲切的办公环境。

另外，设计师非常好地利用整体的用地，分成了非常多的层次。首先把餐厅和厨房空间设置于地下，但是地下会有压迫感，为了使地下的空间地上化，设计了两个非常大的下沉庭院来保证它的采光和通风的要求，同时通过下沉庭院的整体景观设计，使得人在活动的过程中形成非常多层次的活动空间。在展厅的上方也做了屋顶花园，增添了观赏性。

同时在厂房每一栋的办公模块设置了停靠的中型交流空间区域，在研发楼的每一栋标准层也设置了这样的公共空间。设计师期望通过这种系统性的交流空间打破研发人员交流的界限，为他们创造更多相互交流的机会。

Q：潍坊节能环保孵化产业园着力引进生物医药、节能环保、智能装备等新兴高端产业项目和高成长型行业领军企业，针对不同企业群体，如何适配？如何统一体现产业园的主题？

A：很多园区在最初的企业群体定位上会比较宽泛，潍坊节能项目有着比较明确的目标，确定以高科技企业为主的一个群落。从规划的角度，把每一个进驻厂家的需求条件集成一个方盒子，这个方盒子提供机电、通风、管道等基建设施。从大的规划层面来看，先把不同的新型高端产业设定为是一样的，再把这些一样的需求放在整个产区的规划里，在这个基础之上进行预留，强调冗余度的概念，方便今后改建，实现它的另一种可能，适应不同产业的要求。

设计首先是达到通用性，在实际的过程中会进行改建，来满足不同群体的需求。至于差异化，从设计角度来说，就是根据不同产业的要求，预留不同的接口，根据不同接口的条件，进行适应性的改造。虽然现在的规划指标，资金条件不具备做更大面积的设计，但是设计师会对今后的发展有预留，在设计上需要有一些前瞻性。

比如生物医药企业，他们要求整体的医药生产环境都是洁净环境。洁净环境一般都是通过洁净墙板以及空调系统实现的，在设计的过程中，设计师预留了屋顶进行升级改造。同时在每两个模块交接的部分设置了集中的一块区域，可以放置整体的洁净设备。另外从结构设计来说，按照 400kg 的承载力计算，能够达到整个生物医药生产的结构极限，从整体电力的负荷角度，电力工程师也进行反复的研究，也达到整体对电力的需求。

产业园主题统一主要体现在强调不同企业进入产业园之后的共享共赢共创的公共部分，设置了 2 层将近 2000 ㎡的展厅，像是一个接待中心，每个产业有独特的展示空间，人们进入企业之前，可以先参观展厅，再进入接待室进行会谈。如果是非正式的交流，也可以选择在咖啡区交谈，这样就形成了一整套系统的接待流程（图 11—图 12）。

Q：在这个项目中如何综合考量道路安全、景观建设、建筑布局之间关系？道路作为重要的组成部分，它与产业园环境有着怎样的一种联系？

A：所有的建设都是以安全为基础的，在安全基础之上，景观建设和建筑布局相互结合、相互作用，共同创造整体的生产环境。

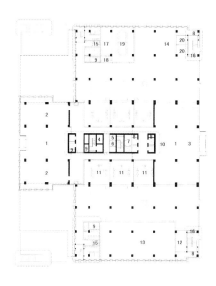

1 大堂	11 洽谈室
2 展廊	12 展厅管理
3 中庭	13 展厅 1
4 设备井	14 咖啡厅
5 强电井	15 卫生间
6 弱电井	16 电井
7 合用前室	17 休息室
8 排风井	18 服务间
9 送回风井	19 会议室
10 服务台	20 茶室

11

12

13

13 首层会议区交流空间咖啡厅效果图
14 首层会议区交流空间中庭效果图
15 研发楼挑空大堂效果图

在道路方面，从整体规划基本做到人车分流。外环保证物流畅通，内环打造人与人的交往空间，让研发人员在紧张的研发和生产之余有互相交流的空间，通过正式和非正式的交流空间迸发更多的灵感，激发投入更多的精力在产业之中。

内部道路的设计是管理模式和设计模式的充分整合，首先是从管理上，内部人员和外部车流形成一个分流，保证了各自的安全和效率；其次，从整体功能保障上，通过技术手段将消防环路进行景观化的处理，达到设计师所强调的管理模式和人与人交往模式的融合，尽量保证人车分流。

Q：在孵化车间的设计过程中，有哪些独特的设计点？是否与相关企业的生产关系相关联？

A：首先机加工厂房要求 24m 无柱空间，这部分屋顶采用轻钢结构，其他部分做混凝土结构，这是经济原因所造成的。另外设计中使用的外围护结构采用的一体化彩钢板，达到了节能环保的作用。选用的金属复合板材料希望尽可能体现材料所具有的特点，带有金属质感的彩钢板与整体园区的调性和氛围非常契合。通过金属材料质感和颜色的组合，带来无限的创意。

设计师也和万事达进行了整体的研发，每块板的高度都达到了设计的标准，在宽幅达到 1.2m 的同时，最大高度达到 8m，而且尽量减少拼缝，在设计对接过程中突破了很多以往的限制，克服了板长不够的工艺限制问题，体

14

现了高科技产业的技术特性。

　　建成之后整体的建筑体量感是非常震撼的。从前期的材料和造型设计上，在立面设计的公共交流空间，尽可能反映内部空间带来的复杂的关系。在内庭院整体的立面设计上，根据不同的空间做了非常多的外形处理，有非常多的凹凸变化。整个景观内外的感受是非常丰富的（图13—图15）。

　　Q：在建造方式上采用装配式体系，这种方式对于整个工程有怎样的优势？

　　A：首先装配式体系是现在国家所倡导的，是在绿色可持续这条主线上的分支，杜绝了传统的建造方式，对外墙板进行了整体装配化的设计，通过工厂进行预制、设计对接，形成生产加工的图纸，进行板材生产，运输到现场后进行快速的组装和拼接。不但保证施工速度，而且保证外墙效果，更重要的是保证每一块板的生产精度。装配式体系一定是将来发展的方向，它会随着国家整体经济实力和技术力量发展，发展速度取决于装配式推进的速度。

　　Q：有实验表明工业建筑色彩与工作效率有着莫大的关联，在项目建筑群色彩的搭配上，怎样去选择权衡？

　　A：设计师希望整个建筑群能呈现简洁明快的风格，在整体规划上采用高调银灰色设计。可在实际设计推演过程中，发现金属板在阳光照射下会产生炫光，让人产生不适，尤其是阳光较为强烈的时候会产生刺眼的感觉。所

15

16

17

以经过四五轮调色，找到一种相对在阳光照射下整体色调比较亮的一种灰度，但同时又保证内部环境的舒适。灰色保证金属板独特的魅力。橙色是和二层连廊木质的地面相呼应，让人产生一种温馨的感觉，让在其中工作的人员在心理上达到一种舒适的体验和心情的愉悦。

Q：说到色彩，在工业化 4.0 的进程中，在色彩选用上会有怎样的趋势？未来是否会走向多元化路线，会有更大胆地运用呢？

A：我们也在尝试结合建筑行业技术迭代，以前认为非常简单的东西，通过色彩或者参数化软件的结合可以为建筑带来更丰富的体验和感受。在今后的设计过程中，也会尝试更多的色彩运用。但是色彩运用肯定要避免特别丰富的极端，大红大绿就适得其反了。

Q：在这样一个大型园区项目中，如何来平衡功能设计与人文环境设计？对人文和环境因素的考量会体现在哪些元素的植入中？

A：建筑设计特别强调场所感，场所感就是首次接触到场地的感觉。园区周边都是大型工厂，在这样一个大尺度的环境下，整个园区要有自己内部的微环境和微性格。设计师在研发楼基础上做了很多柱廊的设计，希望人们在进入园区的过程中有一个场所切换的感觉，这种切换被设计师视作为归属感。

至于人文的环境，不是一种简单的具体的符号的东西，也不是具体的一句诗。每个企业都有自己的文化，设计师更多的是创造这样的构架，把不同的义化装入构架里，形成一个别具一格的体系（图16—图20）。

16 会议室效果图
17 2 号厂房大堂效果图
18 一层走廊效果图
19 研发楼首层西大堂效果图
20 1 号厂房大堂效果图

Q：工业代表制造，但是潍坊节能孵化产业园并非只有制造，我们该如何定义它？

A：潍坊节能孵化产业园不是大型的制造区，而更倾向于高科技研发性质。是加工车间与民用建筑的结合体。从这个角度来讲，这个项目不能叫作工业项目，其实是一个高科技园区。在这个高科技园区里，一切的事物都离不开人。园区的两个主线，第一个是通过设置模块，复杂模块简单化，提高了整体的效率；第二个是对人的交流和需求的关怀。

Q：您觉得设计师是否需要自己的风格和偶发性的认知？或者是更为开放的不被定义的东西？

A：我觉得应该是不同的，每个风格都是由阶段性的认知所决定的。要去具象的定义风格，我觉得可能有两种情况，一种是你对将来的发展有非常好的预判，形成了一段时期非常稳定的风格。另外一种就是随着各种环境的认知，包括材料的认知、设计关系的认知，体现出不同的建筑风格。

从整个设计院的角度是多元的，随着社会的发展会展现出不一样的建筑风格。但是不变的是我们对世界的认知，建筑改变生活的价值观。在这基础之上随着科技进步的发展以及对于不同事物认识方法的改变，设计当然也会发生翻天覆地的变化。

18

从工业建筑到后工业建筑，从生产型工厂到智能型产业园，大量的优秀作品在崛起。怎样使工业建筑与智能制造相结合，如何使工业建筑与人文更舒适的契合，融入现代化大潮，增强交互，彰显文脉，提升整个城市的工业化水平，是这一代工业建筑承载的历史使命，也是建筑师们致力于后工业建筑迭代更新的一个重要探索。

19

20

PROJECT 5

都市针灸 动态更新
—— 北京首钢园区西十冬奥广场项目分析

URBAN ACUPUNCTURE AND MOXIBUSTION DYNAMIC
UPDATE — ANALYSIS OF THE WEST 10TH WINTER OLYMPIC
PLAZA PROJECT IN BEIJING SHOUGANG INDUSTRIAL PARK

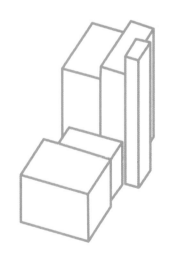

项目名称 北京首钢园区西十冬奥广场
项目类型 办公、会议、展示和配套休闲等
设计单位 筑境设计、首钢筑境、首钢国际工程公司
主创建筑师 薄宏涛
项目地点 北京石景山首钢厂区北区
设计／竣工 2016 年 /2017 年
建筑面积 87000m²

薄宏涛
杭州中联筑境建筑设计有限公司

1

2

1 石景山炼厂建厂初期从美国进口的高炉（首钢新闻中心）
2 透过保留天车梁看员工餐厅（陈鹤摄）
3 德国北杜伊斯堡风景公园的静态保护（薄宏涛摄）
4 瑞士温特图尔的适应性更新（薄宏涛摄）

历史必然与时代召唤

中国改革开放推动快速城市化进程已经走过了四十多年，很多城市发展进入了从增量发展到存量发展的历史拐点。除了中西部城市仍保持较快速度增长，北、上、广、深这些一线城市的城市化率已超过 80%，几乎不再有增长空间。上海城市化率已经稳定在 87% ～ 89%，北京城市化率也基本稳定在 85% 左右 。

城市发展空间饱和，可新增的用地非常有限，然而城市依旧需要发展。因此，对于一线城市来说，从扩张式发展转向内生式的城市更新，是历史必然的道路。尤其在一线城市化程度相对不高的原城市边缘地带，即传统重工业区域，其存量土地将面对新的机遇，这类区域将以积极的城市更新加入整体城市化步伐中来。

1919 年，北洋政府官商合办投资 250 万银元，创办首钢的前身"龙烟铁矿股份公司石景山炼厂"，承载着民族工业崛起的热望，在煤、水、交通齐备的永定河畔诞生，这是一种历史必然。81 年后的 2000 年，远在西山脚下的首钢厂区早已被并入北京市的城市版图，其交通、污染和产业结构都与首都定位相左，减产、迁出、转型,也是一种历史必然 (图1)。

首钢在 2008 年夏季奥运会周期开始减产，最终于 2011 年北京园区全面停产搬迁至河北曹妃甸。同时明确首钢园区将于 2022 年冬季奥运周期重获新生。2016 年 3 月，北京市政府确定 2022 年冬奥奥组委办公园区选址落户首钢园区，助推首钢转型改造、进入全面加速的快车道。企业在两届奥运周期中的兴荣交替，正清晰映射了工业遗存城市更新这一崭新的城市发展范式在时代召唤下不可阻挡的发展态势 (图2)。

注: 1 陈彧 . 剥离镇人口的中国城市化率分析 [J]. 统计与决
策 ,2018,34(02): 102–104.
2 首钢总公司、中国企业文化研究会 . 首钢企业文化（1919—
2010）, 2011.9: 17

3

4

静态保护与动态更新

　　面对 8.63km² 如此尺度巨大的园区改造，因为其城市能级及发展诉求，北京首钢没有选择以德国北杜伊斯堡风景公园为代表的遗址公园式"静态保护"（图3），也没有采用瑞士温特图尔的渐进式"适应性"更新（图4），而是采用了更为积极的"动态更新"——有效利用旧有工业遗存进行物理空间更新的同时，积极导入升级产业，全面兑现从工业性到城市性的积极转变。这样的更新姿态让园区破除封闭性并积极融入城市空间肌理，更努力落地升级产业，助推乃至引领城市区域的全面产业及活力提升。

　　首钢园区选择动态更新之路，究其原因就在于北京城市能级决定下的经济活跃度、土地渴求度、人口密集度和产业落实度等几个向度的因素都为项目策略做出了积极背书。在总体规划明确提出城市土地不再增量发展的大背景下，首钢园区作为京西地区最大的可整片发展用土地，随着冬奥会这一强大 IP 的注入，高体验度运动主题及相关研发、先进制造业研发中心、国际人才社区等一系列崭新业态的纷纷导入。园区正全速建设北京西部顶尖的复合性城市区域，社会效益和经济效益双丰收指日可期。

先导项目与更新支点

　　在首钢北区的更新进程中，群明湖大街以西片区选择了"冬奥广场、三高炉博物馆、冬训中心、大跳台"四个核心锚点项目进行"都市针灸"（图5）。

　　作为首钢园区北区启动的先导项目，首钢冬奥广场的落地具有绝对的标志意义，奥运的超强 IP 极大提振了城市传统地缘认知地图中该区域的影响力，这片封闭了近一个世纪的园区的神秘面纱也得以徐徐揭开。在绿色奥运、节俭奥运理念的指导下，冬奥组委会在永定河畔石景山东麓、阜石路以南选择了首钢旧厂址西北角的西十筒仓片区，其基地得名于地块北侧的原京奉铁路西十货运支线，这既是首钢在一个世纪前的建设起点，又是百年首钢凤凰涅槃的更新支点（图6）。

　　冬奥广场基地南侧的秀池、西侧的石景山及永定河生态绿廊，为项目带来了绝佳的外部山水自然环境。而与之对应的则是基地内部的筒仓、料仓、供料通廊、转运站以及供水泵站的密集布局，这是园区一号、三号炼铁高炉炼铁工艺复杂巨系统中的重要组成部分。这一密集供料区的转运站、料仓、筒仓和泵站等十个工业遗存，正借由冬奥的强大助推，被改造为集办公、会议、展示和配套休闲于一体的综合园区。

　　在城市产业结构调整驱动转移产能后，将老工业区改造为冬奥办公园区，不仅是局部应激性改变园区停产后萧瑟的现状，更是希望以积极的动态更新，注入产业引领区域更新，全面融入城市，为类似过剩产能调整外迁后的大量工业转型带来的城市及社会问题探寻出路。

5

6

5　项目区位（卫星地图）
6　冬奥广场总平面（筑境设计）
7　改造前的冬奥广场整体鸟瞰（陈鹤摄）
8　改造前的联合泵站（筑境设计）
9　改造前的餐厅和 N1-2 转运站（筑境设计）
10　改造前的 N3-3 转运站（筑境设计）
11　各转运站保留原结构并外置交通空间的改造策略（筑境设计）

7

8

策略一：价值评定与流程梳理

　　工业遗存更新的第一要素，就是要承认工业革命中极大推动人类生产效率提升的工业建构筑物，除了具有生产职能，也具有较强的人文、历史和社会价值。

　　工业遗存更新区别于传统的增量建设，其项目启动设计的首要条件不是获取控制性规划指导下的规划指标和甲方提供的任务书，而是秉持对基地足够的敬畏心，要详尽掌握原有图纸、充分踏勘基地、了解工艺流程、精细测绘现状和准确鉴定结构，在这些条件的支撑下，才可以较为客观、专业地评价和制订遗存的拆改原则。可以说，一个不了解工艺、不熟悉基地的设计师是没有资格面对一片工业遗存开展"纸上设计"的。

　　同时，设计师需充分发挥主观能动，在微观层面提出契合旧有工业遗存空间气质的功能建议，在中观层面梳理城市区域交通和外部空间逻辑，在宏观层面提出契合城市总体规划的产业落地可行性建议，从而逐步推动项目落地。这样的流程梳理，往往伴随着对于上位规划、交通、市政、绿化、人防等诸多条件的分析、论证、研判、优化建议，甚至重新报送修订控制性规划。可以说，这是对"传统增量设计"的一种彻头彻尾的"逆向思维"（图7—图10）。

9

10

策略二：保护与利用共存

为了导入新功能，设计需要提供足够满足后工业时代需求的物理空间，与此同时，工业遗存的风貌特征也必须适度保持。因此设计提出"忠实保留"和"谨慎加建"作为核心指导策略之一。

要想保留原有遗存的混凝土和钢框架，就必须不破坏其自身的结构强度。设计采用"服务空间＋被服务空间"的原则，把原有转运站及联合泵站的混凝土或钢结构主体空间作为核心功能空间使用，而把新加建的楼电梯间外置。这样既避免竖向交通打穿原有构筑物楼板，又通过加建补强了原结构刚度。同时，通过碳纤维、钢板和阻尼抗震撑等手段对原有主体结构加固以适应新的功能需求，类似结构构件也作为了建筑立面的核心表现元素。轻质石英板材和穿孔铝板的使用也契合了改造建筑严控外墙材料容重的原则，避免给原有结构带来过大荷载负担（图11）。

由此，建筑造型忠实呈现出了"保留"和"加建"的不同状态，表达了对既有工业建筑的尊重。

策略三：空间与尺度重构

作为一、三号高炉的主要供料区，区域内原有料仓、转运站和皮带通廊等工业遗存都是完全依据生产的工艺流程而布局的，缺少城市空间的秩序感，巨型工业尺度也缺乏亲近感和安全感。

设计需要创造两种变革——"变工艺流程导向决定的工业布局为人性化生活导向下的城市布局"，"变工业巨尺度关系为巨＋中小尺度聚合的人性化尺度关系"。这两种尺度和空间的重构是动态更新项目中通常出现的法则，无论是伦敦国王十字圣马丁艺术学院谷仓中庭的植入，还是卢森堡贝尔瓦科学城高炉博物馆精巧的门厅链接，抑或是上海的上生新所哥伦比亚俱乐部环廊的织补，都是用尺度重构的手段提供空间活力和气质的"变革之匙"。

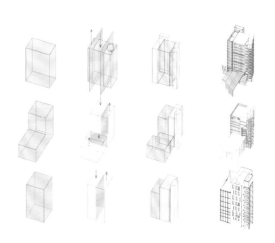

11

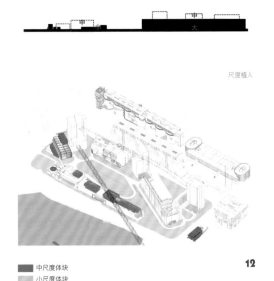

尺度植入

■ 中尺度体块
□ 小尺度体块

12

设计在几十乃至上百米的工业尺度和精巧的人体工程学尺度之间植入了一到两层的中尺度新建筑，锈蚀耐候钢门头、玻璃门厅和边庭、遮阳棚架等建构筑物尽力弥合了原有大与小尺度的差异。保留的锅炉房小水塔改造的特色奥运展厅和干法除尘器前压差发电室改造的咖啡厅等一系列与人性尺度相关的小尺度建筑，也为园区塑造细腻丰富的尺度关系增添了精彩的亮色（图12）。

通过一系列插建和加建的建筑，原有基地内散落的工业构筑物被细腻地"缝合"了起来，工艺导向下建立的布局被巧妙转化为一个景色宜人、充满活力的不规则五边形院落（图13，图14）。

设计正是希望以"院"的形式语言回归东方最本真的关于"聚"的生活态度。作为老北京最充满人情味的一种居住和工作的空间模式，"大院"的气质是摆脱了工业喧嚣之后的宁静和祥和，体现了后工业时代对人性的尊重，也是顶级花园式办公所必需的特质（图15，图16）。

策略四：人性与自然对话

积极融入城市，就意味着尽可能消除阻隔。基地西侧石景山和南侧秀池水体为项目留存了先天的景观优势。在保留了整体项目强烈工业感的同时，在150m长的原有联合泵站构筑物改造中，设计打破"封闭大墙"，植入开放式景观廊道、主入口通廊和公共空间，让园区内外景观能积极对话。基地内15棵被定点保留的大树，也成为石景山景区向园区内部绿色渗透的最佳绿色桥梁。

13

14

12 空间尺度植入和缝合关系（筑境设计）
13 近人尺度的尺度缝合一（陈鹤摄）
14 近人尺度的尺度缝合二（陈鹤摄）
15 冬奥广场南区的五边形"工业大院"（筑境设计）
16 南侧院落核心"天车广场"（陈鹤摄）
17 联合泵站空间通廊关系（筑境设计）
18 立体步行系统（筑境设计）

设计师为园区设置了一条穿行于建筑之间和屋面的室外楼梯结合栈桥的步行系统，这为整个建筑群在保持工业遗存原真性的同时，叠加了园林特质。整组建筑就是一个立体的工业园林，步移景异间，传递出一种中国特有的空间动态阅读方式。设计更希望这组建筑在后奥运时代，面向社会办公需求时提供的多义空间弹性能为项目附着更多的创智型企业，提供足够的黏性（图17—图20）。

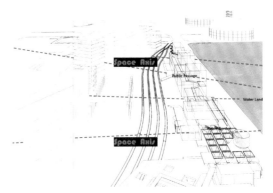

冬奥广场对工业遗址复兴的意义

区别于欧洲常见的工业遗址公园式的静态保护，以北京为代表的中国一线城市工业遗存必将以更加积极的姿态加入城市化进程的步伐中，动态更新的态度也无疑使这些曾经因产业结构调整而寂静的土地重新热切起来，并承载崭新的城市功能。

西十冬奥广场是首钢北区落地实施的第一个项目，也是北京市政府支持首钢转型积极导入的核心功能。它是首钢北区乃至整体园区功能定位落地的核心锚固点和撬动点。在冬奥概念明确后的一年之间，首钢园区北区先后落地了国家体育产业示范园区、国家体育总局冬季训练中心、2022冬季奥运会BIG AIR单板滑雪大跳台，以及一系列相关配套研发办公、企业总部、酒店休闲、展览展示、媒体制作、商业服务等相关功能，充分体现了奥运这样的顶级城市公共事件对于产业的超强助推作用（图21—图23）。

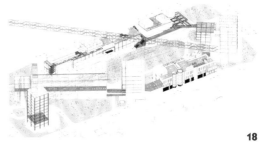

19　主控室与 N33 转运站间的连桥（陈鹤摄）
20　联合泵站改造办公楼东立面及开放楼梯系统（陈鹤摄）
21　北侧俯瞰冬奥广场夜景（首钢新闻中心）
22　N32 转运站改造办公楼及加建国际会议中心（陈鹤摄）
23　N1–2 转运站、员工餐厅与南六筒仓围合形成的筒仓街（陈鹤摄）

　　随着 2019 年国庆节新首钢大桥（长安街西延段永定河跨线大桥）落成，长安街可飞跨永定河直达西岸的门头沟，首钢园区的道路、空间、市政、景观等系统均将充分纳入城市系统。曾经横亘在京西，阻隔南北丰台、海淀，东西石景山、门头沟四区联动发展的巨型工业大院正打开、重组，以最积极的姿态拥抱、融入城市。其导入的崭新产业也会使得疏通血脉梗阻的城市机体充分焕发活力，极大改善京西地区传统产业单一、缺乏区域统筹等痼疾，在首都崭新一轮城市化进程中，真正承担起"一核一主一副两轴多点一区"城市布局中架构中轴两翼、两翼齐飞的城市职能。首钢园区的"动态更新"为深化当下北京城市供给侧改革、助推城市化进入下一个精耕细作的发展周期奠定了良性基础，也为北京"打造城市复兴新地标"提供了优秀的范本。

22

23

PROJECT 6

瓷　　片
—— 上海申窑艺术中心
PORCELAIN — SHANGHAI SHEN-
YAO ART CENTER

项目名称 申窑艺术中心 Shenyao Art Centre
项目类型 展示、工坊、培训（一期）；办公（二期）
设计单位 刘宇扬建筑事务所
主创建筑师 刘宇扬
项目地点 上海市嘉定区
设计 / 竣工 2014 年 /2018 年
建筑面积 14440m²（一期）；6936m²（二期）

刘宇扬
刘宇扬建筑事务所

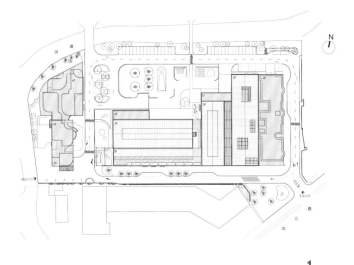

1

1 总平面图
2 功能轴测图
3 北立面实景
4 厂房改建示意图
5 一层平面图

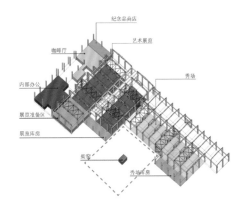

2

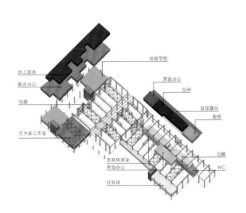

素胚瓷片：申窑艺术中心（一期）

本项目对上海嘉定京沪高速旁一组 20 世纪 90 年代的工业车间和辅楼进行了全面改造与更新。方案取"素胚瓷片"为概念，抽离出来的片状弧面形成了建筑外立面的原型母题和主展厅的基本语汇。设计保留了原有的建筑结构和场地关系，但通过内部钢结构夹层的增量，赋予了原空间的工业属性新的艺术氛围及业态内容。封闭而大进深的庞大车间体量被打开，新置入的景观连廊和玻璃天棚让园区的前后场地得以连接，室内空间更好地被入驻企业及人群所使用。

本项目地块位于上海市嘉定区华江路，立足于北虹桥区域。这片保有经典工业遗存景象的厂区，随着江桥镇被纳入虹桥商务圈，急需一轮改造更新来优化升级，以适应城市的新发展（图1）。

厂区内一栋是包含了办公楼、两组大空间厂房以及数个附属小建筑的"生产综合体"；另一栋是板式多层宿舍，建造之初为多层厂房。现场保留的完整结构框架，带有工业的秩序感与大尺度生产车间的强烈空间感。设计的挑战在于继承原厂房大空间的建筑结构，赋予其新的功能，将原有铸铁旧厂房改造为展示陶瓷艺术的创意艺术园区（图 2）。

设计策略

从与原有建筑空间和结构的对话开始，挖掘置入新功能空间的主题特征，在自身合理组织的同时，也时刻跟原有结构体系产生碰撞与磨合。最后，通过对原有结构的局部退让、包裹、强化等空间关系处理，让充满序列感的结构体系暴露在城市空间中（图3—图5）。

3

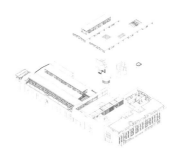

4

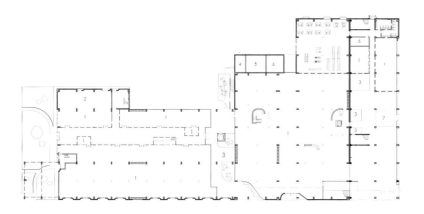

1 办公
2 库房
3 庭院
4 消控室
5 水泵室
6 配电室
7 大堂

5

6

7

6 南立面入口
7 南立面入口
8 扁钢幕墙大样图
9 东立面实景
10 西立面实景
11 玻璃钢幕墙格栅大样图

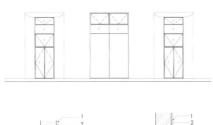

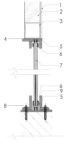

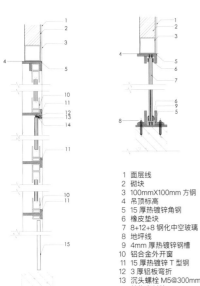

1 面层线
2 砌块
3 100mm×100mm 方钢
4 吊顶标高
5 15 厚热镀锌角钢
6 橡皮垫块
7 8+12+8 钢化中空玻璃
8 地坪线
9 4mm 厚热镀锌钢槽
10 铝合金外开窗
11 15 厚热镀锌 T 型钢
12 3 厚铝板弯折
13 沉头螺栓 M5@300mm
14 结构密封胶
15 地弹簧玻璃门

8

立面改造

设计师选择正交与曲线组合这一形式母题，将"素胚瓷片"抽象为片状弧面，结合不同建筑部位，有三种谱系演绎：内凹的弧形门斗、适应不同空间尺度窗户的弧面窗套、联系阳台上下层贯通的弧面钢板幕墙。这些被系统组织的弧面作为构件，散落在厂区立面的各个位置，赋予建筑特有的立面特征，由此呈现出申窑的主调性。

南立面主入口大尺度的门斗设计，将厂房独有的空间特征向外立面延展。门斗空间裸露出通高结构的单柱，既展示室内空间，又具有空间趣味（图6—图9）。

厂房西侧突出的墙体与屋顶被拆除，作为将来酒店的前场，完整地露出钢筋混凝土的结构骨架。遗留构架的包裹，形成清晰的建筑体量关系，引入玻璃钢格栅幕墙体系，在保持体量完整的前提下，增加室内空间采光，提高立面丰富性（图10—图11）。

室内空间

设计师梳理了建筑内部空间，在原有的大空间结构中灵活地设置并创造不同尺度的多重展示空间，在满足功能的同时，注重塑造空间的趣味性，将其从原来的"生产综合体"转换成包含展览、工坊、培训等功能的"艺术综合体"。

9

10

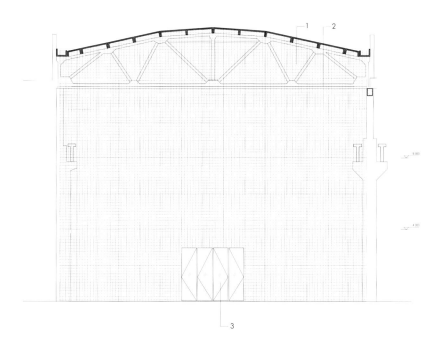

1 成品玻璃钢格栅
2 4mm 厚 50mmX30mm 角钢，背靠
  焊接，热镀锌防锈，黑色氟碳喷涂
3 地弹簧门，扶手样式待定
4 窗
5 50mmX100mm 方通立柱，热镀锌
  防锈，黑色氟碳喷涂
6 50mmX50mm 方通与立柱焊接，
  热镀锌防锈，黑色氟碳喷涂
7 5mm 厚加肋板，热镀锌防锈，黑色
  氟碳喷涂
8 8mm 厚 50mmX50mmT 型钢，热镀锌
  防锈，黑色氟碳喷涂
9 2mm 厚 20mmX20mm 角铝

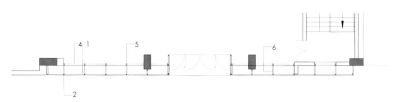

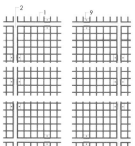

11

12

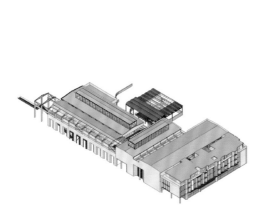

14

12 未改建前厂房
13 中庭
14 轴测图
15 厂房改建示意图
16 公共走道
17 观光电梯

13

西侧主体厂房内部增加了钢结构划分出三层主要空间：在公共走廊区设置一组顺应结构的长天窗以及三组方形天窗，将光线引入室内，穿透至各层；错落布置玻璃钢格栅与钢化玻璃楼面，将更多的光线引入厂房的中心区域，光线透过玻璃钢格栅被细分成小尺度的方形，在平静的办公空间中与使用者产生互动，感受光线的流动；公共走廊两侧的房间内，置入半透明的阳光板与玻璃的双层隔断，改善原来空间的采光缺陷，并满足艺术空间需要的安静（图12—图16）。

设计师逐步完善在建筑中置入的光井设计，灵动的处理采光与通风问题：穿越各个楼层的"瓷片"内部，有楼梯或电梯，隔墙由白色墙体或U形玻璃组成，"光线、弧线、质感"无不让人产生对陶瓷艺术的浓厚兴趣（图17）。

景观梳理

厂房内部功能之间的退让，将遗留构架暴露于天空，新置入的功能之间获得中庭空间，打破原来沉闷的空间体量。设计师进一步把厂房腰部拆除，打造成半室外空间，高耸的空间以及完好的屋顶预支桁架结构都给人带来强烈的震撼。外部景观从前场穿越至后场，被分为东区与西区两部分，以解决厂房占地过大的压力，也便于建筑功能布局的分组与节奏；同时全方位地解决厂房大进深、采光无法满足日常使用的问题。

未来展望

为满足未来此片区的进一步发展，设计预留出用作市民参与公共活动的广场空间，连廊直通"艺术综合体"的内部，作为北广场的入口。一方面希望通过渐进的方式逐步完善空间；另一方面，在设计解剖与重塑文化的同时，让本区域成为周边市民参与互动开放的城市公共空间。

在未来，改造后的"申窑艺术中心"将作为北虹桥艺术示范园区与南侧的公园相呼应，并与江桥周边的万达商业广场等商业资源形成互补，成为北虹桥的新文化地标。

15

16

17

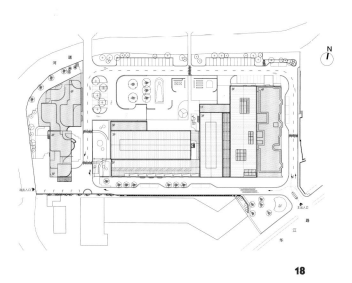

18

18 芝平面图
19 造型分解图
20 一期二期全景
21 东立面图
22 西立面图
23 二层平面图
24 一层平面图

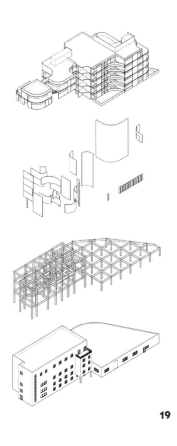

19

彩釉瓷片：申窑艺术中心（二期）

申窑艺术中心原有的旧厂区被改造成为以展示陶瓷艺术为主要目的的创意艺术园区。二期建筑南侧主体利用现有的宿舍楼结构进行改建，并在北侧原建筑范围内加建单体。内部空间在原基础上增加新的功能空间，灵活设置并对原空间重新整合，在满足功能的同时，塑造空间的趣味性。在美学演绎与运用上，透过弧形空间将建筑消解到难以感知原有的秩序。

与此同时，立面上引用红色陶土砖搭配白墙，犹如陶瓷内胆外露，某种意义上以精致化的过程呈现从泥土素胚到陶瓷艺术品的过程演绎与延续。曲面墙体组织空间的收放，建筑形态的高低变化丰富了周边的城市环境。

二期主体建筑建造之初为多层厂房，后作为一期主厂区的员工板式多层宿舍。现场保留了完整的结构框架，设计愿景在于继承原空间带有工业秩序感的建筑结构，再赋予其新的功能，将原有宿舍楼改造为创意艺术园区的多功能办公空间（图18—图20）。

设计策略

二期在整体建筑设计策略上，延续了以"素胚瓷片"为概念的原型。从运用为一期的立面形式语汇到二期成为空间演化的体现；从较为粗放的体量策略到由于风貌约束到今天最后的呈现，是尝试打破与增容，并以空间递进的设计手法来表达破碎与重整的结果（图21—图24）。

20

21

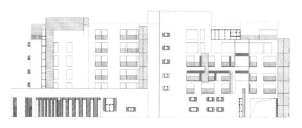

22

23

24

1 大堂
2 接待
3 办公
4 弱电及监控机房
5 门厅
6 餐厅
7 庭院
8 厨房
9 消防泵房
10 配电间
11 客房
12 平台
13 布草间

25

1 吊顶另详装修
2 外墙涂料
3 玻璃幕墙
4 保留混凝土墙位置
5 室外平台
6 大堂

26

立面改造与室内空间

立面设计主要是以内部功能作为支撑的基本语汇。从底部开始，为设计出内部过道式的中庭，对首层进行局部架空，同时也作为建筑的主入口；中庭左侧的室外疏散楼梯保留在原位置。外立面使用金属穿孔板围合，一方面在形式语言上呈现出较为现代且纯粹的表皮，与主体建筑的碎片化形成对比；另一方面让光线穿透疏散楼梯增加了光照（图 25—图 28）。

主体内部为解决原结构空间层高的不足所造成的相对压抑感，中间楼层部分在原基础上调整了层高。通过去除中层部分楼板，嵌入新建楼板错开原楼板位置，使梁暴露在立面上，让人在外部能感受到空间骨架基础的雕塑感。外立面基本透过平面上各层，以模块房间的空间切割划分出的大空间来决定，以内部关系对建筑外部基本形态进行塑造（图 8）。

在通往二层的楼梯间设计了一组外凸的主窗户门洞，是行进到二层时向外的延展空间，可以看到内部的楼梯向外旋转而上。大开窗增加了内部空间的自然采光，从平面上也比较巧妙地延续了室外建筑墙面弧线曲面的关系到楼梯的曲线，与窗户内部连接成为一个整体。正是这样，大面积体量上的弧线切割得以在外部正面体现出来。建筑背部主要由平面上对房间的划区分布，勾勒出立面及阳台的关系，分别在整体大的体量上与小阳台之间的局部立面进行分割，弧线的单元组在外部被更好地反映出来，在视觉上呈现出弧线陶瓷碎片充满雕塑感的概念形态（图 12）。

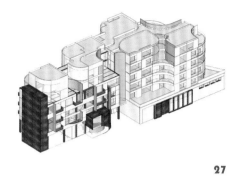

27

28

29

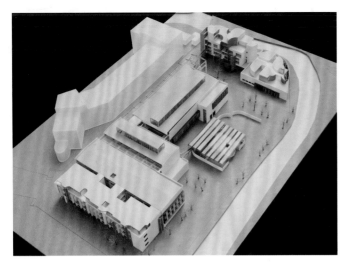

30

31

建筑右侧为原一层食堂位置，在建筑基础上保留了原形态与餐饮功能，并在存量空间基础上进行增量，置入了新建的楼层空间。新增加的空间以模块房间的形式进行平面上的切割，分割出的四组空间作为建筑基础形态向上延伸。新增的部分所呈现的是更整体的空间体量关系，左侧原建筑部分的更新在立面上体现地更为多变，新的建筑在与原建筑既是融合的关系，同时在立面又体现出新旧之间的视觉体量对比，形成了独特且相互呼应的关系（图30—图33）。

小品设计

大堂入口使用一组弧形金属网进行半围合，通透的关系如卷帘般自然切割出大纵深的主空间，中部加入地面射灯，使其成为大堂的一处装置。业主保留的两块松木材料，被设计为延续空间模数的两组长凳，保留了弧线的运用使家具物件和大堂空间形成了新的围合关系。

在细节上设计师对灯具进行了设计，取用了建筑外轮廓的弧线体量，在原弧线基础上利用基本模数进行缩小再调整至合适比例，灯光也被调整到适应室内空间的照度作为装饰光源使用。

景观梳理

外部根据业主的需求将水池的元素融入景观，于是建筑前场使用水景分布在主要入口道路以外的灰空间中，同时在保留下来的一期基础构

32

33

34

35

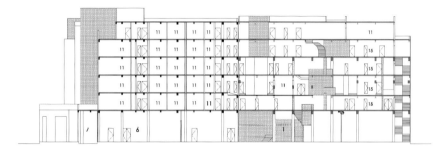

36

架下布置水景，使得一期和二期之间的广场形成整体的呼应关系，水景的运用意外地从前场人行视角获得了建筑的镜像倒影，延展了空间的层次感（图 34—图 37）。

建筑左侧围墙原来由镂空的金属网相隔开，背后场外建筑的货仓区正对主建筑，设计希望通过竹子隔挡开外部环境，保留纯净的空间视觉效果。后场区有一个作为卸货区的次入口，景观上同样通过种植树木形成卸货场景的视觉遮挡。河岸边使用了轻质通透的金属网围栏，为整体的建筑与水岸的关系增添了几分朦胧之感（图 38—图 41）。

未来展望

申窑艺术中心二期是距离京沪高速最近的一栋楼，以窑主题营造出强烈雕塑感的空间是对园区场所氛围的回应。所处的地块在未来将发展成为北虹桥商业区，为迎合周边需求，业主决定将原设计为酒店的空间转型为以办公为主的空间。

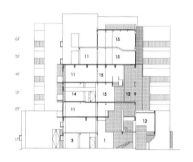

37

38

38 入口大堂室内一
39 室内楼梯
40 灰空间
41 入口大堂室内二

39

40

41

附录

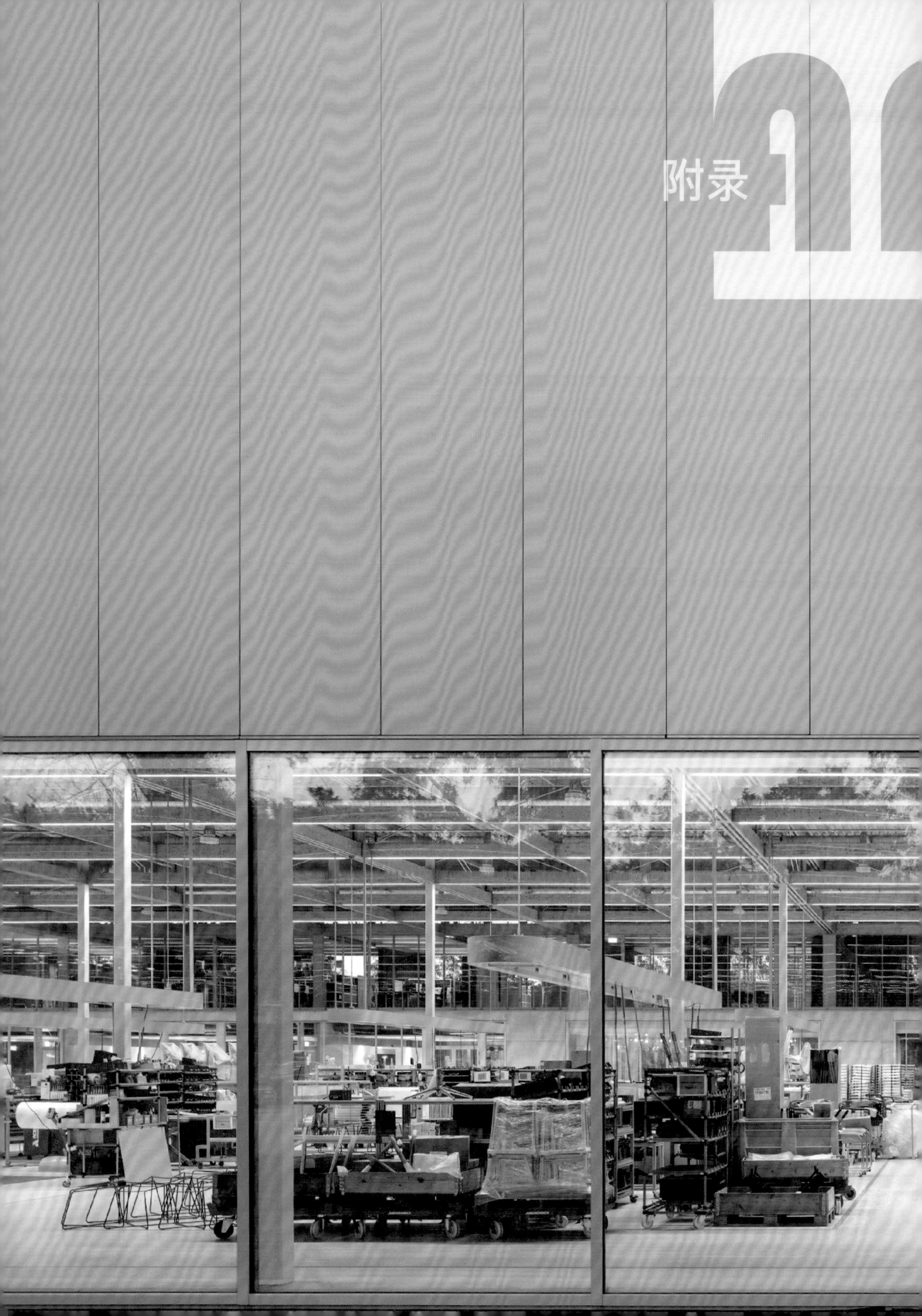

附录 A 工业建筑研究样本
APPENDIX A OF INDUSTRIAL BUILDINGS RESEARCH

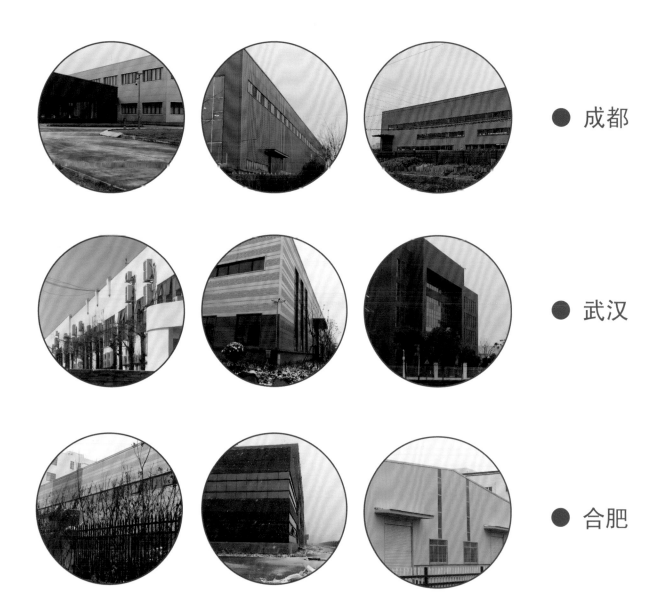

● 成都

● 武汉

● 合肥

天津 ●

苏州 ●

上海 ●

广州 ●

附录 B 工业建筑研究样本数据
APPENDIX B SAMPLE DATAS OF INDUSTRIAL BUILDINGS RESEARCH

● 城市	● 厂房类型	● 占地面积 (m²)	● 外立面面积 (m²)	● 主色	● 辅色	● 正立面颜色	● 侧立面颜色	● 屋顶颜色	● 玻璃颜色
安徽	化学制造	100	270	银	白	银、白	银、白	银	白
安徽	技术服务	720	1800	灰	深灰、红	灰、深灰、红	灰、深灰	灰	黑
安徽	汽车制造	1620	4050	深灰	米白	深灰、米白	深灰	深灰	蓝
安徽	电子设备制造	720	1800	灰	米黄	灰、米黄	灰	灰	黑
安徽	零售业	184	464	米白	灰、白	米白、灰、白	米白	米白	透明
安徽	建筑业	7200	15600	浅灰	灰、深灰	浅灰、灰、深灰	浅灰、灰、深灰	灰	透明
上海	空调设备	4500	9500	白	蓝	白、蓝	白	白	无色
上海	油墨（原料）	405	990	白	蓝	白、蓝	白	白	无色
上海	通讯电子	280	784	白	浅灰	白	白、浅灰	白	透明
上海	金属制造	288	832	浅灰	红	浅灰、红	浅灰	浅灰	绿
苏州	泵业	280	680	白	黑	白、黑	白		无色
苏州	汽车设备	288	576	白	灰	白、灰	白、灰	白	墨黑
苏州	机械制造	6930	4152	红	灰	红、灰	红、灰	红	墨黑
苏州	金属制品	1995	2208	灰	白	灰、白	灰、白	白	无色
苏州	机电设备	2867	1728	白	白	白	白	白	无色
武汉	车灯制造	3000	2340	黑	绿、白	黑、绿、白	黑、白	黑	无色
武汉	新能源	4800	3840	黑	黑、红	黑、红	黑、红	黑	无色
武汉	包装制造	765	744	白	白	白	白	白	墨黑
武汉	玻璃制造	544	784	白	黑	白	白、黑	白	墨黑
武汉	压缩机	527	1152	红	红	红	红	红	墨黑
成都	开关制造	1220	1296	蓝	白	蓝、白	蓝、白	蓝	墨绿
成都	钢材制造	2200	2080	红	黑	红、黑	红、黑	红	墨黑
成都	电子设备	252	528	橘	蓝	橘	蓝	橘	墨黑
成都	新能源	252	528	蓝	黑	蓝、黑	蓝、黑	黑	无色
成都	汽车部件	357	456	灰	灰	灰	灰	灰	无色
天津	注塑产品	350	312	白	绿	白、绿	白、绿	白	无色
天津	模具冲压件	300	560	黑	白	黑	白、黑	黑	无色
天津	医药	700	1320	白	灰	白、灰	白、灰	白	墨蓝
天津	机电元件	900	780	白	灰	白、灰	白、灰	灰	无色
天津	电子材料	425	504	砖红	白、黑、灰	砖红、黑、灰	砖红、白、灰	砖红	无色
广州	汽车零部件	5000	4800	灰	白	灰、白	灰	灰	黑
广州	交通运输	125000	75000	白	蓝	白、蓝	白、蓝	蓝	无色
广州	化妆品	5000	9000	白	蓝	白	白	蓝	无色

附录 C 专家访谈
APPENDIX C EXPERT INTERVIEW

城市·建筑空间色彩设计
—— 日本涂料（日本ペイントホールディングス株式会社）
首席设计师丸山纯访谈录

丸山纯（MARUYAMA JUN）先生，从事城市色彩设计工作二十余年，毕业于日本大学艺术学部美术学科住宅空间设计专业，城市色彩设计师，任职于日本涂料株式会社。曾受任派遣于立邦涂料（中国）有限公司，创建并带领建立立邦建筑涂料色彩设计开发团队。在中国任职期间，先后参与了江西省新余市仙来大道改造规划环境色彩规划、江苏省淮安市淮安区城市色彩规划、东北地域开发市场调查、香港地域开发市场调查等多个项目。

针对中国工业建筑色彩目前面临的一些问题和未来发展前景，丸山纯先生提出了一些个人见解。

Q：为什么建筑外观色彩会带给人不同的感受？它受什么因素影响？

A：我们生活在一个被千千万万色彩所包围的世界里。除了大自然的色彩以外，色彩还应用在心理学、信息社会学、艺术学、营养分析学等多个领域里。归根到底这些领域都是运用了色彩的两大基本作用————识别功能性和心理情绪性。

色彩属于视觉性信息，对人的知觉起作用。当光照射在物体上，经过吸收、透过、反射后再进入人的肉眼，大脑对肉眼传来的信息进行识别解析，并将看到的颜色与物体进行对应，定义为该物体的颜色，这就是色彩的识别功能性。同样一个颜色，有的人喜欢，也有的人讨厌。看到以木材的素材色为基调的色彩搭配就会联想到日式风格，看到红色就会提到中国风，等等，这些现象都是通过感觉来进行判断并影响人们的情绪，这就是色彩的心理情绪性。

识别功能性和心理情绪性既是色彩的基本作用，同时也是建筑外观色彩影响人们感知的两个主要因素。"功能性"通过标识、招牌、广告等影响人的"识别性"。"情绪性"影响准确传达固有特征的"心理性"。从这两个作用要素来思考、灵活运用"色彩效果"很重要。

进行具体的色彩设计时，需要根据不同的设计目的并结合色彩功能来进行搭配组合。思考设计是要与周围环境融和在一起，营造协调统一、有秩序的景观，还是要彰显个性、吸引眼球，留下深刻印象。

Q：您觉得现在的大型工业园区建筑色彩设计存在什么问题？应该如何解决？

A：现在的建筑色彩，不仅是工业建筑色彩，而且还包括城镇发展的建筑色彩，有的过于追求统一和谐，而忽略了每个区域的个性；有的过于主张个性，缺乏与周围环境融合的和谐性。

我们要以环境全局去发现与地域调和的色彩。在对光的视觉认知里，色彩属于暧昧领域的现象。不同的地理位置或环境条件下，城市或建筑的色彩呈现效果也不尽相同。例如，我在中国工作期间发现工业建筑常用的"蓝色"，用在北京的项目中会觉得很漂亮，但用在广州的项目中看却觉得并不是那么好看。我们认为应该有一个"蓝色"是和广州的色温及气候特性匹配的。在北京的项目中看到的颜色和在广州看的颜色是同样的颜色，但是带给人的颜色印象却不同。然而这种现象不是人体所能够感知的。

这是因为环境色彩受纬度和气候等自然环境特性影响。把握环境色彩一年四季的变化，是本质性要求。如果能够考虑到这些自然环境特性，就能够发现色彩还具有兼顾环境的性能（价值）。

我利用近两年的时间走遍日本全国各地，对"纬度引起的色温差异"及"其影响下的文化建筑色彩和街道色彩的关系"进行实地调研分析，发现纬度确实会引起色温差异，并且会反映在地域特性里，进而形成不同的地域文化。既然在南北延伸、国土狭小的日本都明确存在纬度色温差异，那么在国土面积相当于日本几十倍的中国，在更广阔的环境里，就更能够找到与地域特性匹配的色彩表现。结合这些色彩表现进行城市建筑色彩规划，就能够打造出更具地方个性的景观。

Q：刚才您提到了城市建筑色彩规划的一个重要目的是打造地方个性，那么作为城市建筑色彩规划的一部分，您如何看待大型工业园区的建筑色彩规划？

A：建筑色彩规划是实现与客户有效沟通、提高客户满意度的重要手段。色彩具有较高的嗜好性，对颜色的喜好因人而异。在建筑物上探讨色彩的时候，我们很难在脑海里想象出建筑物色彩设计的完成效果，也无法单纯依靠喜欢的颜色和讨厌的颜色来进行判断。为了让客户能够有效地做出正确判断、创作更优秀的建筑，我们会通过专业的色彩规划（详见本书上篇《环境色彩设计在工业建筑的应用》）向客户提供"客观的提案"，让客户对此提出反馈意见，从中做出挑选。

Q：您觉得在城市规划中，色彩规划起到什么作用？

A：在人体知觉的总信息获取量中，视觉性信息获取量占到 80%，其中色彩对"印象性"起到强有力的作用。纵观全球各地的大街小巷，美丽的场所都有一个共通性，那就是具有出色的"印象性"和杰出的色彩调和性，街道个性得以凸显，给人留下深刻印象并吸引人们聚集。在尊重街道个性的基础上进行色彩设计，突显街道的"个性美"是提升街道集客力的重要诱导方法。总而言之，使用正确的系统构建体现城市个性的色彩调和，既是色彩规划的作用也是色彩规划的目的。

Q：您能谈谈有哪些区域色彩运用比较优秀的案例吗？

A：以城市为单位而言的话比较困难，在日本，再开发地区和历史保护地区都是分散在全国各地的。相对大城市而言，小的（紧凑的）城镇里优秀案例更多。例如，1998 年的长野冬季奥运会会场——长野县白马村就是一个典型的优秀案例。从制定色彩指导方针到对建筑物进行实际整顿，城镇街道的发展得到贯彻性的实施，20 年过去了，现在依然在持续推进中。

此外，分散在日本全国各地的传统街道保存地区也是优秀案例。在 98 个市镇村里一共有 120 个保存地区，从中可以找到符合日本气候风土的"日式"建筑色彩。

持续地把城镇发展的规则进行发展、实现是我们追求的目标。

Q：如何开展有效、合理的色彩规划？

A：色彩规划就是从事色彩系统设计（COLOR SYSTEM DESIGN）工作，要根据综合客观性的依据来进行提案。色彩里感观部分居多，提供方和被提供方都是按照感觉来进行思考判断，但是城市和建筑的色彩具有较高的公共性，因此清晰的、有说服力的规划理念必不可少。将建材进行搭配组合时还需要清楚理解"做得到"和"做不到"的部分，切实地推进项目，为此我们还需要制定符合建筑设计的系统性加工一览表，以便施工方能够严格执行并实现预想效果。

总之，"色彩设计"是一个系统工程，不能始于感觉、按照感觉去创作，而要有计划地、有目的地去实现。

参考文献
REFERENCES

[1] 宋建明，胡沂佳."看"与"见"：城市色彩研究专家宋建明教授访谈 [J]. 建筑与文化，2009（8）：10-13.

[2] 胡沂佳.集结与涌现：江南乡镇建筑色彩的场所精神 [D].杭州：中国美术学院，2016.

[3] 宋建明.色彩设计在法国 [M].上海：上海人民美术出版社，1999.

[4] 王京红.城市色彩：表述城市精神 [M].北京：中国建筑工业出版社，2013.

[5] SERRA Juan.Three color strategies in architectural composition[J]. COLOR Research and Application，2013，38:4

[6] WATKIN, David. The history of Western Architecture [M].(Sooond od.)London;Lauronce King Publishing，1996：508-509.

[7] WILKINSON Tom. Bricks and mortals[M].New York: Bloomsbury Press，2014: 126.

[8] 范文兵.入世的设计：北京西店记忆文创小镇项目解析 [J].建筑学报，2017（9）：54-57.

[9] 钟文凯.从乡村到后工业时代 北京西店记忆文创小镇 [J].时代建筑，2017（6）：90-97.

[10] 刘宇扬，吴从宝.加法与减法：增量与存量的更新策略 [J].建筑学报，2019（6）：49-51.

后记一
POSTSCRIPT 1

只为建筑恒久美丽

许书恒　万事达集团控股董事

工业建筑是近代中国最具时代性的一种建筑类型，在社会主义建设的过程中，通过新型的工业建筑材料和高科技建造手段的合理应用，不仅推动了先进建筑科学技术的快速发展，而且推广并促进了现代建筑理论和技术美学在中国的传播。从前的单一建筑形式已经不能适应新的生产方式，全新的工业建筑除了承担着生产的责任，还承担着传播企业文化、传承企业基因的重任。

融入建筑美学，赋能企业营销

众多工业建筑在规划设计时，对"美丽"和"恒久"的追求越来越突出。大家开始意识到，工业建筑自带品牌和营销的功能，并在最初的规划设计中就融入产品优势、行业特点、企业文化。一个优秀的工业建筑设计，不仅反映了当代的审美特征，还肩负着提升企业品牌形象、展示企业自信内核、彰显企业优良文化的责任，它能牢牢抓住人们的注意力，使其在众多工业建筑中脱颖而出。

每一个企业家都梦想自己企业的建筑能拥有一个独一无二的建筑视觉呈现，越来越多的企业也意识到，工业建筑是创造企业价值的主要空间，因此"持久"的使用非常关键，这背后是对高品质建筑材料的期待。

极致细分群体，精准定位需求

近几年大型冷库行业迅速崛起，这一行业有个鲜明的特点，其建筑物本身就是企业的"生产设备"，而不仅只是为企业生产设备提供遮风挡雨的空间。

冷库通过墙体、吊顶、地面处理形成一个密闭空间，通过制冷设备降低空间内的温度，从而实现冷藏功能，建筑物围护系统的材料性能、安装精度，直接导致整个冷库用电量的巨大差异，好材料、好施工，可能给一个大型冷库企业一年节省上千万元的电费支出。

再比如一部分制药企业的车间空间，经常需要消毒处理，一般的彩钢板墙面无法经受消毒液体的长期侵蚀，导致快速生锈，这样就会影响车间的洁净程度；如果内部空间面板采用不锈钢，会导致在里面工作的工人视觉受到持续的压力，影响人的情绪。针对这样的行业，需要一系列专业化、客制化的特殊建筑材料，来共同实现一个品质优异、专业度高、环境友好的现代化工业建筑。

颜值点亮建筑，品质铸就恒久

工业建筑实际上是一块巨大的广告牌，它不仅代表了工业建筑的质量，而且是一种体现了企业的价值观、管理方式，与消费者之间进行更好沟通的综合文化现象。

20 年前，国内工厂建设开始大量采用彩钢板做屋墙面，但是基本采用白灰色、蓝色、红色三种颜色，表现在对钢板材质的选用、对钢板表面油漆的采用上，对于品质的要求不高，导致今天会看到一些老厂房严重生锈。

而如今越来越多的企业，采用了高品质彩色涂层钢板，或者其他金属材料制作的各种屋墙面，在工业建筑外墙色彩选用、质感需求以及品质关注度方面明显提升，整个建筑也体现出更高的品位追求。

装配式构建，实现任何可能

工业建筑市场是国内建筑行业装配式、工厂预制化应用最为成熟的领域，这背后是相关建筑材料制造企业的智能制造、数字化工厂的推进。过去数十年里，与工业建筑相关的材料生产制造过程，水平提升非常显著。很多企业都采用了全球领先的智能制造设备，甚至跨界引进大量钣金行业的生产设备，使得外墙所需的金属保温或者装饰材料迸发出许多创新方式，为建筑设计师提供了更多的想象空间和实现的可能。

智能化生产，重构互联网制造

未来工业互联网在工业建筑全链条的应用，可以实现建筑设计、材料制造、物流运输、施工安装全过程的信息互通和技术支持，通过对大数据进行分割、分解、分析和分享，预测需求、预测制造、解决和避免不可见问题的风险，既可确保制造和安装过程中产品质量始终如一，又可实现建筑物全生命周期的可追溯管理。

智能制造并不仅仅是一种技术体系或文化，更重要的是背后对智慧的理解、解决问题的逻辑和重新定义制造的思维。

未来已来，预期可期

接下来的时间，中国工业建筑的品质、品位提升会加速。这需要与此相关的整条供应链上下游企业联合创新，形成一个健康可持续的生态，针对不同细分行业的特殊需求，设计、生产制造精准功能的产品，同时通过智能制造的工厂，实现建筑材料的多品种、个性化的柔性生产。

中国将会成为新生产制造革命的中心，大数据将会成为继人口红利之后的又一大竞争优势，随着"中国制造 2025"战略的实施，中国工业建筑行业也将迎来自己的新发展，中国的工业建筑也必将以全新的姿态在世界范围内重新诠释、焕然亮相。

后记二
POSTSCRIPT 2

立邦 CMF 赋能新工业建筑

胡朝晖　立邦中国工业涂料事业群总裁

　　工业制造作为城市发展构成的一部分，伴随着中国传统制造产业的升级换代、产商住一体化、城市景观设计法规化以及工业 4.0 的展望与发展，也在满足着人们对美好生活追求的需要。建筑也必将朝着舒适、美观、友好的方向发展，科学的色彩设计和材料应用与时代变迁、审美更替等变化息息相关，是创作和谐城市、美好环境的重要环节。

　　现代科技的进步、环境保护意识的增强，使城市建设过程中越来越需要关注环境的友好性。立邦根植中国 30 年，不仅为中国的工程和民用建筑涂料涂装体系变革提供了解决方案及综合服务，而且在工业涂料涂装体系也积累了深厚的底蕴和开拓了细分市场，同时，在专业研究及工业产业制造研发甚至城市景观设计领域也有一定的贡献。

　　作为贯穿工业与民用的涂料制造商，立邦在色彩领域积累了系统而又行之有效的方法论，并将该方法论引用于汽车、建筑、家居及城市景观设计等领域，通过环境色彩设计方法论，将视觉表现力与流行趋势相结合，赋予物质世界更丰富更科学呈现。同时，立邦经过多年创新和实践，将涂料用于金属建筑用材料，赋予金属材料新的审美价值，为工业设计提供更多的设计灵感，激发设计师的创作激情，赋予工业建筑更亮丽的外观呈现。

　　2018 年，立邦与万事达集团合作成立了卷材涂料联合创新中心，创新生产全过程，尤其在全产业链生态系统发挥了积极的作用。2020 年 3 月 1 日起实施的《建筑金属围护系统工程技术标准》明确规定：建筑金属围护系统应按附属于主体结构的外围护结构设计，设计使用年限不应少于 25 年。该规定对金属围护专用涂料性能和功能也提出了更高的要求。创新中心的成立正好创新了涂料的生产、卷材生产、预涂卷材生产制造和彩涂金属板经销，并链接从设计到施工到业主等全产业链资源，为建筑市场的客户提供高附加值的解决方案，助力中国建筑创作以无限可能。

　　立邦参编本书的部分内容，积极贡献出色彩研究、工艺呈现和产业上的经验与研究成果，给行业提供更多的参考，也希望通过本书的编写能吸引更多的学者、专家、业内人士共同探讨工业设计中材料的色彩规划与设计方法，科学地建立起材料应用体系。立邦工业涂料也将持续分享更多领域色彩研究与趋势，以匠心服务我们的客户，用实际行动守护我们的家园。正如立邦的文化一样——持续研发、深耕细分市场需求是立邦的生命力；赢得客户信任，创造喜悦利润是立邦工业涂料的使命。